管理學學習指導書
（第三版）

王德中 \ 著

第三版前言

　　此次修訂，基本上保持了前兩版的結構和寫作體例，只是在每章增添了「本章內容指點」部分，介紹該章的寫作意圖、內容安排、思維邏輯、突出特點等，以增強對讀者學習的指導作用。在這部分之後，立即列舉出本章的基本知識點，再說明學習的目的要求，以分清基本知識點的主次輕重，便於學生掌握重點，照顧一般。

　　希望本書能幫助讀者更好地理解和掌握《管理學》教材第六版的內容，並能聯繫實際加以運用。希望讀者在利用本書各章的練習題檢查學習效果時，不要先去看后面的參考答案要點，而要獨立思考，自行練習，再與參考答案要點核對。

　　請本書的讀者及時地將閱讀中發現的問題反饋給我們，以便日后修訂時予以改正。對此，謹向讀者們由衷致謝。

作　者

目錄

緒論

1	一、學科簡況
2	二、教材結構
2	三、學習方法

上篇　總論篇

第一章　概論

7	一、本章內容指點
7	二、基本知識勾勒
8	三、學習目的要求
8	四、重點難點解析
11	五、練習題匯

第二章　管理理論的形成與發展

14	一、本章內容指點
15	二、基本知識勾勒
15	三、學習目的要求
16	四、重點難點解析
21	五、練習題匯

第三章　組織的環境

25	一、本章內容指點
26	二、基本知識勾勒
26	三、學習目的要求
26	四、重點難點解析
29	五、練習題匯

第四章　組織文化

32	一、本章內容指點
32	二、基本知識勾勒
33	三、學習目的要求
33	四、重點難點解析
36	五、練習題匯

第五章　組織的決策

38	一、本章內容指點
38	二、基本知識勾勒
39	三、學習目的要求
39	四、重點難點解析
46	五、練習題匯

下篇　職能篇

第六章　計劃

51	一、本章內容指點
51	二、基本知識勾勒
52	三、學習目的要求
52	四、重點難點解析
56	五、練習題匯

第七章　組織

59	一、本章內容指點
60	二、基本知識勾勒
60	三、學習目的要求
61	四、重點難點解析
71	五、練習題匯

第八章　人事

- 75　一、本章內容指點
- 75　二、基本知識勾勒
- 76　三、學習目的要求
- 76　四、重點難點解析
- 81　五、練習題匯

第九章　領導

- 84　一、本章內容指點
- 85　二、基本知識勾勒
- 85　三、學習目的要求
- 85　四、重點難點解析
- 93　五、練習題匯

第十章　控制

- 96　一、本章內容指點
- 96　二、基本知識勾勒
- 97　三、學習目的要求
- 97　四、重點難點解析
- 102　五、練習題匯

第十一章　協調

105	一、本章內容指點
106	二、基本知識勾勒
106	三、學習目的要求
106	四、重點難點解析
112	五、練習題匯

第十二章　創新

115	一、本章內容指點
115	二、基本知識勾勒
116	三、學習目的要求
116	四、重點難點解析
119	五、練習題匯

結束語　未來管理的展望

123	一、本部分內容指點
123	二、基本知識勾勒
124	三、學習目的要求
124	四、重點難點解析
129	五、練習題匯

綜合練習題

132	綜合練習題一
138	綜合練習題二

各章練習題參考答案要點

144	第一章練習題參考答案要點
145	第二章練習題參考答案要點
147	第三章練習題參考答案要點
148	第四章練習題參考答案要點
149	第五章練習題參考答案要點
152	第六章練習題參考答案要點
154	第七章練習題參考答案要點
156	第八章練習題參考答案要點
157	第九章練習題參考答案要點
158	第十章練習題參考答案要點
160	第十一章練習題參考答案要點
162	第十二章練習題參考答案要點
163	結束語練習題參考答案要點

綜合練習題參考答案要點

164	綜合練習題一參考答案要點
165	綜合練習題二參考答案要點

緒　論

本書是為指導《管理學》教材的學習而編寫的。在開始學習本書時，有必要先瞭解有關管理學教材的下列三個問題：

一、學科簡況

人類的管理活動歷史悠久，而管理學却是一門比較年輕的學科。直到 20 世紀初，歐美幾個國家方才出現管理理論。不過，此后西方管理理論的發展相當迅速，到 20 世紀 50 年代，管理學科即已初步形成。隨著第二次世界大戰之后各類社會組織內外環境的巨大變化和管理活動的不斷創新，西方的管理理論有了很大的發展，出現了許多管理學派。管理學的內容也日益豐富、日益成熟起來。

管理學是一門系統地研究管理過程的普遍規律、基本原理和一般方法的學科。各類社會組織（如工商企業、學校、醫院、政府機關、群眾團體等）都需要進行管理活動，其管理過程都有一定的客觀規律性。從豐富的管理實踐活動中概括出來的普遍規律，以及反應規律的基本原理和一般方法等，就構成了管理學的內容。管理學的內容適用於各類社會組織，不過由於管理在工商企業中比在其他組織中發展得更為充分、完備和系統，所以在學科內容上仍比較側重於工商企業。

當前，管理學科的門類很多，應該經過整合構成學科體系。其中，集中研究適用於各類社會組織的普遍規律、基本原理和一般方法的管理學，就是這個體系的基礎。在它之上，才建立按社會組織類別劃分的第二層次的管理學科，如企業管理學、學校管理學、醫院管理學、行政機關管理學等。然後再按組織類型或管理專業建立比較專門的第三層次管理學科，更緊密地結合併滿足各類型組織或各項業務活動的特殊需要。因此，學習管理一般應從管理學這一基礎學科開始。

現在歐美各國的經濟類、管理類院校普遍開設管理學課程。中國高校從 20 世紀 80 年代末、90 年代初先后引進這門課程，作為一門先行的專業基礎課

在經濟類、管理類各專業開設，為學生日后學習其他管理學科打下堅實基礎。

二、教材結構

目前，國內外的管理學教材已有很多。本書為之服務的教材是由西南財經大學出版社於 2015 年 11 月出版的《管理學》（第六版）。這本教材是由包括本人在內的幾位作者根據多年教學實踐經驗、吸收國內外學術研究成果而寫成的。經過幾次修訂后，該教材已在內容上得到了大量充實和完善。

本教材的突出特點是力圖貫徹理論聯繫實際的原則，立足於中國實際，繼承中國古代優秀的管理思想，反應中國豐富的管理經驗，為提高中國各類組織的管理水平服務，為中國社會主義現代化建設服務，為建設中國特色的管理學服務。與此同時，又有分析地引進西方國家有代表性的管理理論和方法，供我們參考和借鑑。教材文字力求簡練，通俗易懂，利於自學。

本教材的結構包含三部分，即上、下兩篇和結束語。

上篇為總論篇，介紹有關組織和管理的總體基礎知識，下設五章。第一章概論，闡明管理和管理學的一些基本問題，對全教材起統率作用。第二章為管理理論的形成和發展，先介紹西方管理理論形成和發展過程及主要的管理理論，然后介紹中國的管理思想和管理學的建設。第三章為組織的環境，說明組織內外環境及其對管理的影響，以及組織的社會責任和管理倫理。第四章為組織文化，突出文化在組織管理中的重要地位、作用以及其塑造和落實過程。第五章為組織的決策，討論決策的含義、分類、程序、原則、方法等問題。

下篇為職能篇，是根據作者對管理職能的理解來安排的。由於理解管理有七種職能，所以設置七章，每種職能一章。其順序也按照作者對職能作簡要解釋時的次序。

結束語是對未來管理的展望。預測是困難的，這裡只是根據 20 世紀后半葉世界經濟和社會科技環境的發展變化以及最新的管理理論，對 21 世紀前期管理可能出現的趨勢作一些粗略估計，供討論和驗證。

三、學習方法

學習管理學，必須以馬克思主義的辯證唯物論和歷史唯物論為指導，堅持理論聯繫實際的方法。管理學是一門實踐性很強的應用科學，學習的目的又在於應用於管理實踐。因此，在學習管理學的過程中，就必須緊密聯繫實際去理解、去運用。

聯繫實際去理解管理學的內容，是最低要求。管理學各章都提出了概念

(含義)、性質(特徵)、原理原則、程序(步驟)、方法等內容，舉出從管理實踐中總結出來的許多觀點和建議。這就希望學生能結合自己直接或間接瞭解到的實際情況去思考，看看管理學所講述的內容是否真有道理，在實踐中有何意義或經驗教訓，是否能用自己的語言加以闡述或剖析，這樣才能領會深刻，真正掌握。

聯繫實際去運用管理學的內容，是較高的要求。在教學上，可以採用案例教學法、調查研究、診斷學習、邊學習邊實踐等形式來提高學生應用所學理論去發現、分析和解決實際管理問題的能力，幫助學生真正將管理理論學到手，同時也對現有理論進行檢驗，或豐富和發展理論。

案例教學法是美國哈佛大學首創，現已被世界各國的大學普遍採用的一種教學方法。其程序是，首先由教師或專職機構組織力量根據某個人、某個組織或某件事的真實情況寫成若干案例，然后教師在教學時選擇案例，啓發學生去發現、分析和解決案例內含的實際問題，要求學生寫出書面報告，並組織案例討論，教師可做也可不做總結。採用此法，可以就在學校鍛煉學生運用所學理論去分析和解決實際問題，還可訓練學生的思維能力和表達能力。實踐證明，此法特別適用於管理學科的教學。

調查研究採用參觀訪問或實習的形式，借此既可驗證和豐富所學理論，又可為調研對象分析和解決管理中的問題提出建議。

診斷實習與上述調查研究相似，其特點是應調研對象的邀請來進行，所需時間可能較長，對培養和鍛煉學生實際工作能力的作用更大。

邊學習邊實踐是指一些組織的管理者參加不脫產的學習，在學習管理學時，可以將所學理論知識運用於所在組織的實踐。這不但可以檢驗和豐富所學理論，而且在運用得當時還能提高組織的效益。

上述多種理論聯繫實際的學習方法，可根據具體情況選擇採用或結合運用。我們希望本書的讀者能勤於學習，善於學習，將管理學教材的主要內容理解深透，融會貫通。

上篇　總論篇

第一章
概　論

一、本章內容指點

　　本章主要討論在開始學習管理學時首先需要明確的兩個基本問題，即什麼是管理和管理學。根據馬克思主義認識論原理，管理學來自管理活動實踐，接受管理實踐的檢驗，經過檢驗證明是正確的管理學知識反過來又可以指導管理實踐。因此，本章先討論管理，然後討論管理學。

　　在討論管理的部分，首先是管理活動的由來，即管理產生和發展的過程。管理活動的產生可追溯到原始社會，在人們群居的生產和生活共同體內部就自然地產生了管理活動。在後來的社會發展過程中，在政治、經濟、文化、社會、軍事等各方面，管理活動有了很大的發展。管理乃是人們從事社會活動的必然產物，又是這些社會活動賴以進行的必要條件。

　　在綜合國內外幾家意見後，給出了管理活動的概念，並結合中國企業實際，強調了管理的重要作用。對管理的作用，希望讀者能聯繫自己瞭解的實際情況，敞開思想，深入領會，高度重視。接著，探討了管理的職能（工作內容）和性質。關於管理的性質，各家的分析不一，但馬克思闡明的管理二重性原理具有經典意義，至今仍富有現實的指導意義，值得認真學習和運用。

　　在討論管理學的部分，首先是說明其研究對象包括生產力、生產關係和上層建築三個方面（這與過去有人認為只限於生產關係和上層建築有所不同），從而決定了其性質是一門介於自然科學和社會科學之間的邊緣學科，又是一門應用學科。接著討論了管理既是科學又是藝術的著名原理，這個原理對管理實踐有著極為重要的指導意義。

　　本章幾個主要的理論和觀點是：管理學理論和管理活動實踐的關係；管理是社會活動的必然產物，又是社會活動的必要條件；管理二重性原理；管理既是科學又是藝術的原理。

二、基本知識勾勒

　　管理的概念

管理的職能
管理的性質
管理學的研究對象
管理學的性質
管理既是科學又是藝術

三、學習目的要求

學習本章的目的要求是：
瞭解：管理實踐和管理理論的關係。
理解：管理的概念；管理的職能；管理學的研究對象。
掌握：管理二重性原理；管理學的性質；管理既是科學又是藝術。
運用：聯繫實際來分析論證管理對一切社會組織的重要作用，管理的二重性，管理既是科學又是藝術。

四、重點難點解析

(一) 管理的概念

管理是人們長期從事的各類社會活動的必然產物，又是各類社會活動賴以進行的必要條件。其概念可表述為：管理是在社會組織中，通過執行計劃、組織、領導、控制等職能，有效地獲取、分配和利用各類資源，以實現組織預定目標的活動過程。

這一表述隱含著下列幾個觀點：

(1) 管理是社會組織的活動，其目的是實現組織的預定目標。

(2) 管理的工作（即其職能）有計劃、組織、領導、控制等，這裡僅舉主要幾種。

(3)「有效地獲取、分配和利用各類資源」，正是各社會組織所從事的業務活動。這些業務活動就是管理工作的對象，做好管理工作，才能有效進行業務活動，利用各種資源，實現組織目標。

(4) 管理活動是一個過程。幾項工作相互銜接，構成循環，循環不息，把工作推向前進。

(二) 管理的作用

社會組織通過加強管理，才能順利進行其業務活動，充分利用其各類資源，獲取盡可能好的效益，實現組織的預期目標。（對此可聯繫自己所瞭解的

社會組織實際情況來理解,並使之具體化)

(三) 管理的職能

管理的職能是指管理應包括的工作內容。最早研究此問題的學者是法國的法約爾,他提出管理有五項職能:計劃、組織、指揮、協調和控制。后來,國內外學者對管理職能的劃分有許多說法,但只是繁簡不同,並無多大實質性的差異。

本教材綜合各家觀點,將管理的職能劃分為七種:計劃、組織、人事、領導、控制、協調、創新。它們之間的關係是:計劃、組織、人事、領導和控制五項職能構成管理過程(循環);在此過程中,每項職能的行使都需要運用協調職能,化解內外各種矛盾;此外,每項職能還需要同創新職能相結合,促進組織不斷創新,始終保持旺盛的生命力。

(四) 管理的性質

對管理性質的最精闢的分析首推馬克思在《資本論》中提出的管理二重性原理,這是本章的一個難點。為掌握此原理,需要劃分幾個層次來理解。

第一層次:資本主義企業管理具有二重性。

理解此問題的關鍵是,生產過程是生產力和生產關係的統一體,所以管理的性質也應從生產力和生產關係兩個方面去考察。從生產力方面看,管理執行合理組織生產力的基本職能,這是指揮生產的一般要求,從而形成其自然屬性,這個屬性主要決定於生產力發展水平,而與生產關係和社會制度的性質無關。從生產關係方面看,管理執行維護生產關係的基本職能,它表現生產過程的特殊歷史形態,從而形成其社會屬性,這個屬性則決定於生產關係和社會制度的性質。

資本主義企業管理的性質是二重的,既有自然屬性,又有社會屬性,而其社會屬性集中表現為剝削性。馬克思《資本論》發表以來的一百多年間,資本主義國家及其企業確實已經發生了許多變化,但是我們認為這些變化並未從本質上改變資本主義企業管理的剝削性,馬克思論證的資本主義企業管理二重性原理仍然是正確的。

第二層次:社會主義公有制企業的管理仍然具有二重性。

社會主義公有制企業生產過程仍然是生產力和生產關係的統一體。其管理的自然屬性還是表現為合理組織生產力,同資本主義企業管理的自然屬性沒有多大差別。其管理的社會屬性則由於生產資料所有制的改變而與資本主義企業管理完全不同,資本剝削勞動的性質消滅了,而代之以維護和加強集體勞動條件、正確處理人們在生產過程中的相互關係的性質。

第三層次:企業管理二重性的原理可以推廣應用於一切社會組織的管理。

一切社會組織的管理都有其自然屬性，它產生於集體勞動過程本身，「就像一個樂隊要有一個指揮一樣」，這是不同社會制度下管理的「共性」。一切社會組織的管理又都有其社會屬性，它是由社會生產關係決定的，這是不同社會制度下管理的「個性」。

第四層次：馬克思的管理二重性原理對於指導管理實踐和發展管理科學具有重要意義。

管理二重性原理使我們分清不同社會制度下管理的「共性」和「個性」，從而正確對待資本主義國家的管理理論、經驗、技術和方法，既不全盤否定，又不全盤照搬。我們應有分析地學習其中反應社會化大生產要求且適合中國情況的部分，拒絕那些反應資本主義管理剝削本質的部分，並且同總結中國自己的管理經驗相結合，提高中國各類組織的管理水平，建立中國特色的管理學。

（五）管理學的研究對象

管理學是系統地研究管理知識、指導人們做好管理工作的一門科學，是管理實踐活動在理論上的概括和反應，是管理工作經驗的科學總結。

管理學的研究對象是適用於各類社會組織的管理原理和一般方法，是存在於共同管理工作中的客觀規律性。就其內容而言，包括生產力、生產關係和上層建築三個方面，這三方面又是密切結合、不可割裂或偏廢的。

（六）管理學的性質

由於管理學研究的內容包含生產力、生產關係和上層建築三個方面，它必然同許多學科，如經濟科學、技術科學、數學、心理學、計算機科學等，發生緊密聯繫，要吸收和運用許多學科的研究成果，所以它的性質是介於自然科學和社會科學之間的邊緣科學。此外，管理學的實踐性很強，屬於應用科學而非理論科學。

（七）管理既是科學，又是藝術

前已提及，管理工作有其客觀規律性。人們通過長期實踐和經驗累積，探索到這些規律性，按照其要求建立一定的理論、原則、形式和方法，形成了管理學這門科學。但是，管理工作很複雜，影響它的因素很多，管理學只是探索管理的一般規律，提出一般性的理論、原則、方法等，而這些理論、原則、方法等的運用，則要求管理者從實際情況出發，具體情況具體分析，發揮各自的創造性，靈活機動地處理問題。從這個意義上說，管理又是一門藝術。

科學與藝術並不相互排斥，而是相互補充的，因為一切最富有成效的藝術總是以它所依據的科學為基礎的，無論是治療疾病、設計橋樑還是管理公司，都是如此。

管理學同數學、物理學等「精確的」科學相比，只是一門「不精確的」

科學，這是由社會組織、社會現象極為複雜多變的特點所決定的。

五、練習題匯

從現在起，我們將為每章列舉出六種練習題：單項選擇題、多項選擇題（以上為客觀性試題）、判斷分析題、簡答題、論述題、案例分析題（以上為主觀性試題），個別章還列出計算題。

單項選擇題有 4 個備選答案，其中只有 1 個是正確答案；多項選擇題有 5 個備選答案，其中 2~5 個是正確答案。選擇題並非簡單題，它需要在對原理或方法的理解基礎上來做出選擇，有時需要簡單分析或計算，有時還需要綜合分析。

判斷分析題除了辨別正確或錯誤外，還需簡述理由，但不要闡述過多。回答簡答題，要把要點答全，不需要詳細論述。論述題要求比較全面地分析闡述，該類型的題一般都是針對需要掌握或運用的重大問題。案例分析題一般列出要求分析、解決的問題，需要運用所學的管理理論知識去剖析，提出解決問題的建議。

(以上說明，以後各章不再重述)

(一) 單項選擇題

1. 管理的自然屬性主要決定於（　　　）。
   A. 生產力發展水平　　　　B. 生產關係的性質
   C. 國家的經濟體制　　　　D. 組織成員的價值觀
2. 管理學的性質是一門（　　　）。
   A. 經濟科學　　　　　　　B. 社會科學
   C. 自然科學　　　　　　　D. 邊緣科學

(二) 多項選擇題

1. 管理的主要職能包括（　　　）。
   A. 計劃　　　　　　　　　B. 組織
   C. 領導　　　　　　　　　D. 決策
   E. 控制
2. 管理學的研究對象包括（　　　）。
   A. 充分利用各類資源，發展生產力
   B. 正確處理人們在生產過程中的相互關係
   C. 研究組織的管理體制和規章制度
   D. 研究組織文化和思想政治工作

E. 搞好科技工作，發展科學技術

（三）判斷分析題
1. 管理並非一切社會組織所必需的活動。
2. 管理學是一門不精確的科學。

（四）簡答題
1. 管理理論同管理實踐是什麼關係？
2. 為什麼說管理學是一門應用學科？

（五）論述題
1. 為什麼說「管理的性質是二重的」？掌握管理二重性原理有什麼實際意義？
2. 管理是一門科學，還是一種藝術？

（六）案例分析題
案例1：管理活動及其重要性
以下是法國礦冶工程師法約爾1900年6月23日在國際採礦和冶金大會閉幕會上的演說的一部分。

「先生們，我強調技術這一詞是因為事實上在這次大會上宣讀的論文在性質上幾乎盡是有關技術問題的。我們沒有聽到有關供銷、財務和管理責任等方面的回應，但是這次大會的成員中有不少在這三方面是特別突出的。這無疑是一件遺憾的事情⋯⋯

「現在我必須談談管理問題。這是我想引起你們注意的問題，因為在我看來，我們工作中在技術方面行之有效的互相學習同樣可以應用在管理方面。

「一個企業的技術和供銷的活動是有明確規定的，而管理活動卻不是這樣。很少人熟悉管理的結構和力量，我們意識不到它怎樣工作，看不到它在建造還是在鑄造，在買還是在賣。然而我們都知道，如果管理不當，事業就處於失敗的危險中。

「管理活動有很多責任。它必須預見並做好準備去應付創辦和經營公司的財務、供銷和技術的狀況；它要處理有關職工的組織、選拔和管理方面的工作；它是事業的各個部分同外界溝通聯絡的手段；等等。儘管列舉的這些是不完全的，但它們卻向我們指出了管理活動重要性的思想。就管理幹部這一項，在大多數情況下會成為企業最主要的活動。因為大家都知道，一家公司即使有完善的機器設備和製造過程，如果由一批效率低下的幹部去經營，還是注定要失敗的。」

分析問題：
1. 聽眾中的礦冶工程師們對法約爾的演說可能有些什麼反應？
2. 法約爾在演說中對管理職能的解釋同他后來提出的管理職能，有什麼不同？
3. 你讚同法約爾對管理活動重要性的論述嗎？

案例 2：經理培訓規劃

某公司總經理雷先生想要其培訓部主任胡克光擬定一份培訓中層管理者的規劃。他對胡說：「我們每年都花費很多錢派若干中層管理者到全國各地參加培訓。我認為管理是我們的重要資源，管理人員的培訓也很重要。不過，我們或許可以在公司實施自己的培訓規劃，以節約一些費用。在確定我們的培訓科目后，可以由公司的幾名高級管理者和聘請的教授來授課。」

胡說：「這個主意不錯，或許我們能節省相當一筆費用。」

雷問：「你認為我們應該如何著手呢？」

胡匆匆考慮了一會兒說：「我可以先參閱一些現有的中層管理者培訓規劃，然后修改一下以適合我們的特殊需要。」

雷說：「那是個好辦法。研究一下，下周向我報告。」

在一週中，胡克光花了大量時間閱讀有關的經理培訓規劃，發現培訓內容各有不同，但有些科目似乎在多數規劃中都有。比如計劃和組織工作的科目就受到很大的重視；在規劃中也常常列入溝通聯絡、激勵、控制等科目。有些規劃特別重視銷售、生產、財務、人事等方面的內容。胡不知向雷先生推薦些什麼才好。后來，他決定提出兩種不同的中層管理者培訓規劃：一個規劃集中了他認為的管理的一般職能，諸如組織理論、計劃工作、溝通聯絡、激勵等；另一規劃則突出管理的專業化領域，如銷售管理、生產管理、財務管理等。他想在雷先生召見時推薦這兩個規劃，希望雷先生感到高興並做出決策。

分析問題：
1. 你認為雷先生會滿意這個建議嗎？
2. 你同意胡對培訓科目的分類嗎？假如你是雷，會選擇哪個規劃？
3. 對於目前的培訓問題，還應當考慮一些什麼條件，採取什麼措施？

第 二 章
管理理論的形成與發展

一、本章內容指點

　　本章主要介紹西方管理理論的形成與發展，這是因為管理理論首先形成於西方，而且在西方獲得了快速而蓬勃的發展；與此同時，也將討論中國管理學的建設問題。

　　西方國家的管理活動歷史悠久，可惜長期對管理研究不重視，管理思想的累積很緩慢。到了18世紀英國開始產業革命、出現工廠制度之後，才有學者系統地研究管理問題。到了20世紀初，社會經濟的發展出現了對管理理論的強烈需求（為了提高企業管理水平），又為管理理論累積了必要的條件，於是在美、法、德三國由兩位實際工作者和一位理論工作者分別創立了管理理論，后人將它們合稱為古典管理理論。三種理論各具特色，但因有共同的社會經濟歷史背景，適應了共同的社會發展需要，在對待工人和組織的看法上大體一致，這些看法被視為古典管理理論的特徵。古典管理理論受到歷史的局限，有許多不足之處，但對后續的管理理論產生了深遠的影響，有些原理至今仍然適用。

　　到了20世紀30年代，美國出現了人際關係理論，這是早期的行為科學理論，彌補了古典管理理論的部分不足。在第二次世界大戰結束后，由於社會經濟條件又發生了巨大變化，新鮮的管理理論紛紛出現，形成了「理論的叢林」（管理學家孔茨語），人們將這些新理論合稱為現代管理理論。對現代管理理論的劃分，看法不一，我們在這裡劃分為六種理論，分別介紹。現代管理理論的一些基本觀點非常值得我們參考和借鑑。

　　在介紹了西方管理理論的形成和發展之后，本章提出了中國管理學的建設問題，國內已有眾多專家學者在這方面努力，並取得了可喜的成果。這裡首先簡介中國古代的管理思想，以及新中國成立前后的管理實踐和管理思想；然后提出建設中國管理學的三點基本要求：一是指導思想，二是建設途徑，三是建設主體。我們對管理學的建設有充分的期待和信心。

二、基本知識勾勒

亞當‧斯密和查爾斯‧巴貝奇的管理思想
古典管理理論形成的歷史背景
科學管理理論
古典組織理論
行政組織理論
古典管理理論的特徵
行為科學理論
現代管理理論產生的歷史背景
系統學派管理理論
決策學派管理理論
經驗學派管理理論
權變學派管理理論
管理科學學派管理理論
組織文化學派管理理論
現代管理理論的突出觀點
建設中國管理學已有的基礎條件
建設中國管理學的基本要求

三、學習目的要求

學習本章的目的要求是：

瞭解：西方早期的管理思想，古典管理理論的形成背景，現代管理理論產生的歷史背景。

理解：西方各學派管理理論的要點，建設中國管理學已有的基礎條件。

掌握：古典管理理論的共同特徵，現代管理理論的突出觀點，建設中國管理學的基本要求。

運用：對古典管理理論做出評價；對經驗學派、權變學派、管理科學學派、組織文化學派的管理理論做出評價；系統觀點、權變觀點的運用。

四、重點難點解析

(一) 亞當‧斯密、查爾斯‧巴貝奇的管理思想

亞當‧斯密是18世紀英國資產階級古典政治經濟學的奠基人，是自由競爭的資本主義的鼓吹者。他的管理思想主要是宣傳勞動分工的優越性，提出分工能大幅提高生產率，富國裕民，並使工廠制度具有經濟合理性。他的另一管理思想是「人」都是追求個人經濟利益的「經濟人」，社會利益以個人利益為基礎。

查爾斯‧巴貝奇是19世紀英國劍橋大學數學教授，對管理頗有研究。其管理思想主要是發展了斯密關於勞動分工效益的思想，舉出了勞動分工更多的好處。他的另一管理思想是提倡勞資合作，建議實行一種工人分享利潤的計劃，並對工人提高勞動效率的建議給予獎勵。

(二) 古典管理理論形成的歷史背景

西方的古典管理理論包括科學管理理論、古典組織理論和行政組織理論。它們是由不同的人在不同的國家單獨提出來的，但提出的時間都在20世紀之初，且在基本觀點上有相似之處。這是因為它們反應了同樣的歷史背景，共同適應了當時資本主義發展的需要。

古典管理理論形成的歷史背景有下列幾點：
(1) 資本主義生產的迅速發展；
(2) 資本主義生產集中和壟斷組織的形成；
(3) 階級鬥爭的尖銳化；
(4) 資本主義企業管理經驗的累積。

前三點對加強管理提出了要求，最后一點為加強管理創造了條件，管理理論應運而生。

(三) 科學管理理論的要點

科學管理理論是由美國人泰羅及其追隨者在20世紀初創立的，其代表作是泰羅於1911年發表的《科學管理原理》。這個理論的要點包括：

(1) 鼓吹勞資合作、雇工同雇主利益的一致性。為此，需要勞資雙方來一場完全的「思想革命」；其一是雙方不再注意盈餘分配，而轉向提高效率以增加盈餘，盈餘增加了，則分配盈餘的爭論也就不必要了；其二是雙方都應對廠內一切事情，採用科學研究和知識來代替傳統的個人判斷或經驗，這包括完成每項工作的方法和完成每項工作所需的時間。

(2) 採用科學方法，大力提高勞動效率。採取的措施有：①通過科學研

究，實行工作方法和工作條件（設備、工具、材料及工作環境）的標準化；②通過科學研究，實行工作時間的標準化，規定完成單位工作量所需時間及一個工人「合理的日工作量」；③挑選和培訓工人，使之能掌握標準工作法，盡力達到「合理的日工作量」；④實行差別計件工資制，即按照工人是否達到「合理的日工作量」，採用不同的工資率來計酬；⑤明確劃分計劃工作與執行工作，實行管理工作專業化；⑥實行「計劃室和職能工長制」，即職能制管理；⑦實行「例外原則」的管理，高層管理者僅保留對「例外」（新的、重大的）問題的決策權和監督權，而日常事務則授權其下屬負責處理。

對科學管理理論的評價應一分為二：它鼓吹勞資合作，提出盈余增加了就不會去爭論盈余的分配。這是騙人的，是為資本加重對勞動的剝削服務的。另一方面，它主張管理要用科學研究方法去解決，不能單憑經驗辦事，這是它的歷史性貢獻。由於它的出現，資本主義企業管理由傳統的經驗管理階段過渡到科學管理階段。

(四) 古典組織理論的要點

古典組織理論是由法國人法約爾在 20 世紀初創立的，其代表作是法約爾於 1916 年發表的《工業管理與一般管理》。與泰羅主要研究企業最基層的工作不同，它是以整個企業作為研究對象的。這個理論的要點包括：

(1) 為管理下定義。他把企業的活動分為 6 組：技術、商業、財務、安全、會計、管理。「管理就是實行計劃、組織、指揮、協調和控制。」

(2) 依次分析管理的 5 種職能，對組織職能的解析最為詳盡（故被稱為古典組織理論）。

(3) 提出 14 條「管理的一般原則」：勞動分工、權力與責任、紀律、統一指揮、統一領導、個人利益服從整體利益、報酬、集中、等級制度、秩序、公平、人員穩定、首創精神、團結精神。

(4) 強調管理教育和管理理論的重要性。

(五) 行政組織理論的要點

行政組織理論是由德國人馬克斯·韋伯於 20 世紀初創立的，其代表作是韋伯的專著《社會和經濟組織的理論》。這個理論適應了當時德國舊式的家族企業向資本主義企業轉變的要求，提出了資本主義企業典型的組織結構形式。

這一理論的要點包括：

(1) 提出「理想的行政組織形式」的概念。所謂「理想的」，是純粹的、典型的之意，因為在實際生活中，必然出現多種組織形式的結合。

(2) 提出 3 種合法權力和 3 種組織形式：神祕的權力，帶來神祕的組織；傳統的權力，帶來傳統的組織；理性的、法律化的權力，帶來理性的、法律化

的組織。韋伯認為，只有理性的、法律化的權力才能成為構建行政組織形式的基礎。

（3）設計出理想的行政組織形式的結構。它是一個職位等級制結構，每個職位都有明確規定的法定權力和職責範圍；除最高領導人可因專有（生產資料）、選舉或繼承而獲得其職位外，其他一切管理者都應實行委任制和自由合同制，一切管理者都必須在法定的權責範圍內行使權力；管理者應當同生產資料所有權相分離，即把屬於組織而由他管理的財產同他個人的私有財產徹底分開。韋伯認為，這一行政組織形式適用於各類組織，是最優的組織形式。

（六）古典管理理論的特徵

上述三種管理理論各有特點，但由於時代背景相同，它們在對待雇工和對待組織的觀點上大體一致。人們將這些共同的觀點視為古典管理理論的特徵。

三種理論對待雇工的觀點是：私有財產神聖不可侵犯，雇主佔有生產資料，就可以佔有和利用雇工的勞動；人都是「經濟人」，雇主和雇工都在追求各自的經濟利益；勞資雙方的利益在根本上是一致的，如提高生產率，則雙方的經濟利益都可滿足；人的天性是好逸惡勞，逃避工作，因此，必須對雇工施行「胡蘿蔔加大棒」的辦法來嚴格監督。

三種理論對待組織的觀點是：它們都只研究組織內部的管理問題，未考慮外部環境，實際上將組織看成一個封閉系統；它們都崇尚科學，鼓吹理性，認為存在適用於一切社會組織的管理的「最佳方式」，管理理論的任務就在於探索這些方式；它們都把組織看成一部機器，各類人員則是其零部件，因而強調勞動分工、等級制度、明確權責、嚴肅紀律等，以保證機器有效運轉；它們都強調穩定，不重視變革。

三種理論對雇工的觀點明顯反應了他們的創立者的資產階級立場觀點，而對組織的觀點則反應了管理理論形成初期的歷史局限性，后來的管理學者對它們提出了許多批評。儘管如此，古典管理理論的歷史功績不容抹殺，它確實有助於資本主義社會的發展，對以後的管理理論產生了深遠影響，其中一些原理和方法至今仍在應用。

（七）行為科學理論的要點

早期的行為科學理論稱為人際關係理論，形成於20世紀30年代，創立者為美國人梅奧等，其代表作是梅奧發表於1933年的《工業文明中人的問題》。這個理論是根據1924—1932年著名的「霍桑試驗」的研究成果創立的。其要點包括：

（1）人是「社會人」，而非單純的「經濟人」。他們既有經濟的需求，又有社會的、心理的需求。對人的激勵應是多方位的，金錢非唯一激勵因素。

（2）企業中除正式組織外，還存在由共同興趣、感情等因素自然形成的「非正式組織」，它同正式組織互相依存，應給予重視和積極引導。

（3）新型的領導能力在於管理要以人為中心，全面提高職工需求的滿足程度，以提高士氣和生產率。

行為科學後來的發展主要集中在四個領域：有關人的需求、動機和激勵問題；同管理有關的「人性」問題；企業的領導方式問題；「非正式組織」問題。這些將在以後的有關章節中作介紹。

（八）現代管理理論產生的歷史背景

在第二次世界大戰後，西方管理理論有了很大發展，出現了許多學派，他們的理論總稱為現代管理理論。這一理論的產生，使資本主義企業管理從科學管理階段過渡到現代管理階段。

現代管理理論產生的歷史背景如下：

（1）資本主義工業生產和科技的迅猛發展；

（2）生產集中和壟斷統治的加強；

（3）工人運動的高漲；

（4）市場問題尖銳化和企業環境的多變；

（5）相關科學的迅速發展。

（九）系統學派管理理論的要點

系統學派是由運用系統論觀點來研究組織和管理的學者所組成，其管理理論的要點是將一切社會組織及其管理都看作人造的、開放的系統，其內部又可劃分為若干子系統；社會組織所處的外部環境是一個更大的系統，社會組織本身是這個大系統中的一個子系統。在管理工作中，必須樹立系統觀點，它包括全局觀（全局高於局部，局部服從全局）、協作觀（各個局部應團結協作，互相支援，反對各自為政）和動態適應觀（組織必須適應外部環境及其變化，也對環境施加積極影響）。系統觀點完全符合馬克思主義的唯物辯證法，可為我所用。

（十）決策學派管理理論的要點

決策學派致力於研究決策理論以及用數學、電子計算機來輔助決策。其理論要點包括：

（1）突出強調決策在管理工作中的重要性，甚至說「它和管理一詞幾近同義」；

（2）決策可按不同標準來分類，例如劃分為程序化決策和非程序化決策，它們應用的決策技術不同，本學派著重研究非程序化決策；

（3）決策是一個過程，可劃分為若干步驟；

（4）決策只能做到「滿意」或「足夠好」，不可能「最優化」。

（十一）經驗學派管理理論的要點

經驗學派突出強調管理實踐經驗的重要作用，其理論的要點是：管理工作應當從實際出發，著重研究各類組織的管理經驗，在一定的條件下可將這些經驗上升為原則或理論，但在更多的情況下只是為了將這些經驗直接傳授給實際工作者，由他們根據實際情況靈活選用。

（十二）權變學派管理理論的要點

權變學派的管理理論涉及組織結構、人性論、領導方式等多個領域，但其共同特點是突出權變觀點，即隨機應變的觀點。他們認為，同古典管理理論的看法相反，世界上根本不存在適用於一切情況的管理的「最佳方式」。管理的形式和方法必須根據組織的外部環境和內部條件的具體情況而靈活選用，並隨著環境和條件的發展變化而隨機應變。

堅持權變觀點，首先要求加強調查研究，從實際出發，具體情況具體分析，並根據具體情況靈活選用適當的管理形式和方法；其次，實際情況在不斷變化，調查研究應當經常化，並按照變化了的情況適時調整或改變管理形式和方法。權變觀完全符合馬克思主義辯證唯物論，可以為我所用。

（十三）管理科學學派管理理論的要點

管理科學學派理論的要點是，組織是由「經濟人」組成的追求經濟利益的系統，因此，管理工作應採用大量的科學方法（如線性規劃、非線性規劃、概率論、博弈論等）和計算機技術，對問題作定量分析，建立數學模型，求出經濟效益最優化的解，作為決策依據。這個理論同科學管理理論一脈相承，但應用了系統觀點和數學、計算機科學的新成就。

（十四）組織文化學派管理理論的要點

組織文化學派理論的要點是：

（1）建立「7S」模型，即認為企業成敗的關鍵因素有 7 個：戰略、結構（以上為硬件），制度、人員、技能、作風、共有的價值觀（以上為軟件）。它們相互關聯，而共同價值觀即組織文化是核心。管理者的首要職責是去塑造和落實有利於組織發展的文化，處理好日常出現的文化衝突。

（2）貫穿一種「非理性傾向」，對過去一切管理理論中的「理性主義」提出挑戰，反對過分的純理性觀點，即對「理性化」的迷信和濫用。

（十五）現代管理理論的突出觀點

現代管理理論的內容極為豐富，互為補充，有幾個突出觀點已得到公認，可為我所用。

（1）系統觀點（見前述系統學派理論的要點）。

（2）權變觀點（見前述權變學派理論的要點）。

（3）人本觀點。這是行為科學理論、組織文化理論的貢獻。管理要以人為中心，要讓職工群眾都成為管理的主體，管理的成果要由組織全體成員所共享。以人為本已成為管理的發展趨勢。

（4）創新觀點。古典管理理論強調穩定，不重視變革；現代管理理論則普遍強調創新，要求對迅速變化的外部環境靈活敏捷地做出有效的反應，以保障組織的生存和發展，並推動社會進步。

（十六）建設中國管理學已有的基礎條件

中國古代的管理思想博大精深，主要包括治國、愛民的思想，選人、用人的思想，生產經營管理的思想，管理方法論的思想等，需要我們繼續努力去發掘和整理。古代管理思想將構成中國管理學的一個重要內容。

中國近代、現代豐富的管理經驗和管理思想，更是建設中國管理學的基礎。要特別重視1949年新中國成立以來的經驗和思想，包括改革開放以來創造的新經驗、新思想，以實踐作為檢驗標準，正確的肯定下來，錯誤的堅決摒棄，對不完善的加以完善。

（十七）建設中國管理學的基本要求

這裡列舉三條基本要求：

（1）堅持以馬克思主義、毛澤東思想、鄧小平理論為指導。這是關於指導思想和研究方法的要求。建設中國管理學必須堅持正確的政治方向和科學的研究方法。

（2）繼承、借鑑與創新相結合。這是關於建設途徑的要求。建設中國管理學必須繼承中國古代和近代、現代的管理經驗和管理思想，參考和借鑑外國的管理理論和經驗，有分析地試用、消化和吸收，再加以改造和創新。在新形勢下的管理問題，有許多很難從歷史經驗和外國經驗中找到現成答案，更需要通過創新去解決。

（3）理論工作者同實際工作者相結合。這是關於建設主體的要求。從事管理的理論工作者同實際工作者共同努力，密切協作，才能將中國管理學建設起來。

五、練習題匯

（一）單項選擇題

1. 西方早期行為科學理論的創立者是（　　　　）。

A. 泰羅 B. 法約爾
C. 韋伯 D. 梅奧
2. 主張在管理中大量採用定量分析法的學派是（　　　）。
A. 系統學派 B. 決策學派
C. 管理科學學派 D. 權變學派

(二) 多項選擇題
1. 古典組織理論的要點包括（　　　）。
A. 為管理下定義
B. 提出管理的 5 職能
C. 提出 14 條「管理的一般原則」
D. 提出「例外原則」管理
E. 強調管理教育的重要性
2. 組織文化學派管理理論的要點包括（　　　）。
A. 運用系統論來研究組織和管理
B. 突出強調管理實踐經驗的重要性
C. 建立「7S」模型，強調文化的重要性
D. 貫穿一種「非理性傾向」
E. 提倡盡量多地採用定量化方法

(三) 判斷分析題
1. 古典管理理論實際上將組織看成一個封閉式系統。
2. 權變學派的管理理論批判了古典管理理論的「經濟人」假設。

(四) 簡答題
1. 你對泰羅科學管理理論如何評價？
2. 經驗學派管理理論有哪些要點？

(五) 論述題
1. 現代管理理論有哪些突出觀點？
2. 建設中國管理學，有哪些基本要求？

(六) 案例分析題
案例 1：美國汽車廠時興「船小好調頭」

　　在美國汽車市場，人們逐漸認識到「小就是美」。通用和福特兩大公司日子都不好過，隨著銷售額和利潤的下降，他們正在關閉工廠、減少就業崗位。與此相反，其規模較小的四家競爭對手：克萊斯勒、豐田、本田、日產公司，却在推出新車型，開辦新工廠，增加就業崗位，更重要的是他們獲得了支持其

發展的豐厚利潤。2005年，這四家公司佔有美國汽車市場近42%的份額，而通用和福特只有43%。這與15年前的情況形成鮮明對比，當時通用和福特兩家銷售量之和是這四家公司的兩倍。

新澤西州汽車數據公司總裁羅恩·皮內利說「船小好調頭」，又說「大公司心態是個負擔」。這可以從克萊斯勒公司得到啟發。這家公司曾是底特律三大汽車公司之一，但其現已擺脫了大公司心態，在過去五年中削減了4.6萬個就業崗位。這家公司設在鄧迪的年產84萬臺發動機的工廠，在生產高峰時也只有250名鐘點工。工人不再明確分工，每個人必須學會所有的工種，從而可以靈活調配，減輕了公司的勞動力負擔。相比之下，這家公司設在底特律麥克路的工廠年產35萬臺發動機，却雇用了750名工人；而在20世紀90年代，該公司在威斯康星州基諾沙的發動機廠雇用了2,500名工人。

通用和福特公司因品牌太多深受其累。通用任由奧茲莫比爾轎車成為一種老式轎車，最后不得不放棄這個百年品牌。他們花幾十億美元購買的外國品牌都未收到預期效果。豐田公司認為，現代的汽車公司只需搞好三個品牌就夠了。克萊斯勒公司也只有三個品牌，而本田和日產各只有兩個品牌。

分析問題：

1. 明確的勞動分工，大規模生產的經濟性等，都曾是理性主義者信奉的真理。你認為這個案例說明了什麼問題？

2. 你能利用此案例來論證管理對於一切公司（無論規模大小）的極端重要性嗎？

案例2：麥當勞入鄉隨俗

如果你到中國的約800家麥當勞餐廳中的一家就餐，就會發現菜單上有了新品種：米漢堡。它去年在臺灣一經推出，立即大獲成功，在去年的銷售額增長中占了6%，后來逐漸推廣到中國香港、新加坡、菲律賓、馬來西亞等地。

對於一個在一百多個國家開了連鎖店的快餐公司來說，除了供應漢堡、薯條等核心餐品外，提供符合當地口味的食品，這並不新鮮。1971年，麥當勞在荷蘭開設歐洲第一家連鎖店時，菜單上就有荷蘭傳統食品。它在日本的連鎖店供應日式豬肉漢堡，在葡萄牙推出四種湯，還計劃在澳大利亞推出義大利麵食。

也有人擔心：麥當勞餐品的日益本地化可能衝擊它的美國品牌餐品的銷售。他們說：「通過推出當地食品，麥當勞實際上削弱了其品牌的價值。如果它提供的當地食品不如當地製作的同類產品，那會是一種損害。」

但麥當勞公司認為，麥當勞是以自己帶到世界各地的核心餐品為堅實基礎的，但同樣需要確保公司貼近當地人們的口味和需求。公司同時保持全球性和地方性是有可能的。「大多數消費者經常在市場的攤點買快餐，這是我們面臨

的競爭,同時也是未挖掘的潛力。」「在我們進入的每個國家,我們都是當地企業,要有當地的特點。」

分析問題:

1. 麥當勞公司認為同時保持全球性和地方性是有可能的,你讚同這個觀點嗎?

2. 你覺得這個事例同權變管理的觀點有無聯繫,能作一些分析嗎?

第 三 章
組織的環境

一、本章內容指點

西方的權變理論批判了古典管理理論「存在著適用於一切情況的管理最佳方式」的觀點，強調了管理的形式和方法必須根據組織的內外部情況來靈活地選用，並隨著內外部情況的變化而變化。由此可見，組織的內外部情況（我們這裡統稱為環境）成為對管理者的一種約束力量。管理者必須經常調研組織的環境，按其影響選擇採用管理的形式和方法。

本章首先討論組織的外部環境，說明任何組織都是一個開放系統，總是處在一個比它更大的系統即外部環境中，並同外部環境進行著物質、能量和信息的交換。對組織來說，外部環境是它無法控制而只能去適應的，不過，在一定情況下，它也可對某些環境施加影響，所以組織同外部環境有著「雙向的互動關係」。

我們以企業為例分析了外部環境所包含的眾多因素，由此可看出外部環境對管理的影響。外部環境的一個突出特點是不確定性，從而對不確定性進行了簡要分析，指出管理者要對其進行管控。

其次，討論組織的內部環境。內部環境包含哪些因素，尚無定論，我們擬定有使命、資源和文化三項，並分析了使命、資源對管理的影響（文化因素特別重要，特設下章討論）。

接著討論了同環境密切相關的組織的社會責任和倫理道德問題。仍以企業為例，分析了公司的社會責任的含義和內容（經濟責任、法律責任、倫理責任和自選責任），強調一切組織都應當履行其擔負的社會責任。為此，需要隨時監測社會對自身的期望和要求，並盡力主動加以滿足。這項工作應當有人或機構專門負責。

組織的倫理道德問題近年來較為突出，已引起廣泛關注。此問題亦可歸入組織文化之中，即確立行為或道德的判斷標準。組織應當有人負責去監控其倫理道德執行情況，對表現優秀者給以表彰獎勵，對表現惡劣者給以批評懲處。

二、基本知識勾勒

　　組織外部環境及其對管理的影響
　　組織的一般環境及其因素
　　組織的特定環境及其因素
　　組織外部環境的不確定性
　　組織的內部環境及其因素
　　組織內部環境對管理的影響
　　組織社會責任的概念和內容
　　組織履行社會責任的方法
　　組織管理倫理的概念和內容
　　組織推行管理倫理的做法

三、學習目的要求

　　學習本章的目的要求是：
　　瞭解：組織內外部環境的概念及所包含的因素；組織的社會責任和管理倫理的概念。
　　理解：組織內外部環境對管理的影響；外部環境的不確定性；社會責任和管理倫理的內容。
　　掌握：履行社會責任和管理倫理的做法。
　　運用：具體分析一個組織的內外部環境；舉例說明企業誠信經營的極端重要性。

四、重點難點解析

（一）組織的外部環境及其對管理的影響

　　組織是一個開放系統，它總是處在比它更大的系統即外部環境中，並同外部環境進行著物質、能量和信息的交換。所有那些存在於組織外部的、對組織的活動及其績效會產生影響的因素或力量，就稱為組織的外部環境。

　　對組織而言，外部環境是其不能控制的，相反，它必須適應外部環境的要求來開展活動，才能保障自身的生存和發展。不過，組織也可在一定情況下對外部環境施加影響，所以組織與外部環境之間是一種「雙向的互動關係」。

　　外部環境對管理的影響有以下幾點：

（1）它可能給組織的發展帶來機遇；
（2）它為組織帶來規範或約束；
（3）它可能給組織發展帶來挑戰或威脅；
（4）組織的管理形式和方法必須適應外部環境的要求。

（二）組織的一般環境及其因素

組織的外部環境可分為一般環境與特定環境。一般環境又稱宏觀環境，是指在國際國內對一切產業部門和組織產生影響的各種因素或力量。

一般環境包括政治、法律、經濟、社會文化、科學技術、自然等因素。這些因素是相互聯繫和交叉的。對不同類型的組織而言，這些因素的重要性有所不同。同一因素對不同的產業而言，其重要性也有所不同。

（三）組織的特定環境及其因素

組織的特定環境又稱產業環境，是指從產業角度看，同組織有密切關係、對組織有直接影響的各種因素或力量。以企業為例，其特定環境的因素包括顧客、物資供應商、勞動力市場、金融機構、競爭對手、政府機關、社會公眾等。

（四）組織外部環境的不確定性

組織對外部環境進行調研時，常遇到不確定性的困擾。所謂不確定性，是指外部環境未來的發展變化及其對組織的影響難以準確地預測和評估，這就意味著風險。

不確定性的程度決定於兩個因素：①複雜性，指環境所含因素的多少和它們的相似性。如因素不多且相似，稱為同質環境；反之，稱為異質環境。②動態性，指環境所含因素的變化速度及其可預測程度。如變化不算快，較易於預測，稱為穩定環境；反之，稱為不穩定環境。將複雜性和動態性結合起來，可劃分出四種類型的組織，其外部環境不確定性的程度各不相同。

不管怎樣，管理者都應對外部環境進行調研，分析並盡可能降低其不確定性，並制定出應對不確定性的權變措施。

（五）組織的內部環境及其因素

組織的內部環境又稱為內部條件或狀況，是指組織內部對其管理與績效有直接影響的因素。它對管理者也是一種約束力量，但因存在於組織內部，所以是組織所能控制的。

按照組織的含義，其內部環境包含三個因素：①使命，指組織對社會承擔的責任、任務及自願為社會做出的貢獻；②資源，包括人力、物力、財力、技術、信息等；③文化，指組織全體成員共有的價值觀、信念和行為準則。

(六) 組織內部環境對管理的影響

組織的使命決定著它的性質、類型和從事的業務活動，從而進一步決定著它的組織機構、職務、崗位和人員配置，決定著它的目標、計劃和戰略的制定等。

組織的資源對管理也有很大影響：資源的數量表明組織的規模，在不同規模的組織中，管理的形式和方法、競爭的戰略和策略都有不同；資源的素質基本上決定了組織的素質，管理者在選擇管理的形式和方法時也應著重考慮。

組織的文化對管理的影響將在下一章討論。

(七) 組織社會責任的概念和內容

以公司的社會責任為例，有三種不同理解：

(1) 理解為社會義務，即「守法謀利」。

(2) 理解為社會反應，即認為「守法謀利」還不夠，必須對自己造成的環境的、社會的代價乃至解決社會問題做出反應。

(3) 理解為社會回應，即認為對社會問題被動地反應還不夠，必須主動地、預防性地去發現、研究和承擔起自己的責任。

上述三種觀點不是相互對立的，提出「社會反應」觀點的人也接受「社會義務」觀點，提出「社會回應」觀點的人也接受「社會義務」和「社會反應」觀點。它們代表著人們對社會責任範圍的理解在逐步擴大，對公司的期望值在逐步提高。

按照社會回應觀點，公司的社會責任包括經濟的、法律的、倫理的、自選的四種責任。經濟的、法律的責任即「守法謀利」。倫理責任是指並無法律規定、卻是社會成員強烈期望的倫理道德的行為。自選責任是指並非法律規定或公眾強烈期望、卻是公司自願贊助或捐助的公益性活動。

(八) 組織履行社會責任的方法

為了履行其社會責任，組織需要隨時監測社會對它的期望和要求，可採用的方法有社會調查和預測、輿論調查、社會審計（對組織活動的社會影響進行評估）、社會問題調研等。

為進行上述活動，組織內部應有人或機構專門負責。例如可指派某些管理者去調查、處理組織面臨的重大社會問題，還可成立常設部門、臨時性工作組、常設委員會等機構來協調各種社會責任，發現新的社會問題，並研究、採取應對措施。

(九) 組織管理倫理的概念和內容

管理倫理是組織的管理者們在其業務活動中採用的行為或道德判斷的標準。這些標準來自社會的一般道德規範，來自每個人在家庭、教育、宗教中的

感受，也來自與他人的交往，因此，管理倫理可能各不相同。

儘管如此，有學者提出一些常識性的指導原則，可視為管理倫理的共同內容。它包括：遵紀守法，誠信待人，尊重他人，「己所不欲，勿施於人」，不造成對他人的傷害，實行參與制、不搞家長制，貴在行動，等等。

（十）組織推行管理倫理的做法

一個組織為推行管理倫理，首先需要制定「倫理法典」，作為倫理行為的標準，廣泛宣傳並要求貫徹實施。

其次，結合「法典」，還需制定一些更為具體的標準，作為「法典」的補充。

最後，組織應有專人（如倫理監察員）或機構（如倫理委員會）檢查法典和標準的執行情況，獎優罰劣，同時研究和處理一些倫理不易確定的問題。

五、練習題匯

（一）單項選擇題

1. 組織的使命屬於組織的（　　）。
    A. 外部環境　　　　　　B. 內部環境
    C. 一般環境　　　　　　D. 特定環境
2. 由於存在不確定性，企業對外部環境的調查研究（　　）。
    A. 徒勞無功，無法進行
    B. 可以進行，但無法預測
    C. 可以預測，但無法據以決策
    D. 仍應進行，並制定應對措施

（二）多項選擇題

1. 組織的一般環境包括（　　）。
    A. 政治法律因素　　　　B. 經濟因素
    C. 社會文化因素　　　　D. 科學技術因素
    E. 自然因素
2. 企業的社會責任包括（　　）。
    A. 政治責任　　　　　　B. 經濟責任
    C. 法律責任　　　　　　D. 倫理責任
    E. 自選責任

（三）判斷分析題

1. 社會公眾不是組織特定環境的一個因素。

2. 誠信是組織倫理道德的一條重要原則。

(四) 簡答題
1. 試簡述組織的資源對其管理的影響。
2. 外部環境的不確定性決定於哪些因素？

(五) 論述題
1. 試論組織的外部環境對其管理的影響。
2. 組織為履行其社會責任，應採用哪些做法？

(六) 案例分析題
案例1：中國企業須增強「社會責任」

廣東省政府正在重拳出擊，打擊工作條件惡劣的工廠。這些工廠位於珠江三角洲，其特點是工人工資低，工作時間長，無加班費，工作條件惡劣，安全措施少得可憐，某些廠還雇用童工。這些廠還經常拖欠外來農民工的工資。儘管這些廠為廣東的經濟繁榮做出了貢獻，但政府還是決定對它們進行打擊。

深圳市政府採取的措施最為引人注目。2006年4月初，該市勞動部門宣布，深圳市將採取鼓勵性政策，促使企業增強其「社會責任」，政府將就「社會責任」設立標準，並為達到標準的企業頒發證書。更加嚴厲的措施是，該市將在政府採購、撥款以及外包項目中抵制來自血汗工廠的產品和服務，且不會將任何建築工程合同給予拖欠農民工工資的公司。但該部門也強調說，這些措施將逐步推行，表明措施的具體實施還有一段寬限期。

2006年年初，深圳市檢察院批准逮捕了幾家企業的老闆及高層管理人員，因為他們拖欠了工人數千萬元的工資。此外，市政府還公布了一份名單，對數十家欠薪企業進行了曝光。早在上一年，廣東省勞動部門就曾公布欠薪企業的名單，這在全國範圍內尚屬首次，它立即被譽為中國開始關注工人權益保障的標誌。

欠薪問題是法律上的「灰色地帶」。中國勞動法只是規定雇主必須準時支付工資，但未詳細說明違法者將受到何種處罰。而且各地方政府往往會保護給當地帶來資金、就業機會和GDP增長的投資者。因此，發生勞資糾紛時，按照法律不屬當地居民的外來務工者的權益就常被忽視。

面對日益嚴重的勞動力短缺現象，政府必須改善勞動者的權益，企業必須增強社會責任。

分析問題：
1. 你認為改善工作條件、保障勞動者的權益屬於企業的社會責任嗎？為什麼？
2. 對於那些工作條件惡劣的血汗工廠，應採取哪些堅決措施？

案例 2：中小企業應否承擔社會責任？

在 2004 年中期召開的「中國企業 500 強」發布會上，主辦者設立了「企業競爭力與社會責任」的專題論壇，引發了「中小企業是否應當承擔社會責任」的激烈爭論。

反對方的論點主要有：

(1) 承擔社會責任需要具備相應的能力，主要是大企業的事；中小企業規模小、能力弱，難以承擔社會責任。

(2) 中小企業尚處於成長階段，首要任務是提升競爭力和壯大規模，要把每一分錢用在刀刃上，承擔社會責任是「手短衣袖長」。

(3) 在現實經濟社會環境下，中小企業競爭對手太多。如努力去承擔社會責任，就會加大企業成本，使企業在競爭中處於不利地位。

贊成方也舉出了一些有力論據，但仍無力說服反對方。

分析問題：

1. 你同意反對方的論點嗎？為什麼？
2. 你能為贊成方提出幾點有說服力的論據嗎？

第 四 章

組織文化

一、本章內容指點

　　第二章簡要介紹了西方的組織文化學派的管理理論，第三章又指出文化是組織內部環境的因素之一，對管理者起著約束作用。由此可見，組織文化同管理的關係十分密切。

　　本章首先介紹組織文化的概念、內容和特徵，接著分析其對管理的正面作用和負面作用。管理者自然應當積極發揮其正面作用，而減少乃至消除其負面作用。

　　其次介紹組織文化形成的幾個主要因素，突出高層管理者個人的管理理念和組織的歷史經驗教訓，這也可看出高層管理者在組織文化形成和變革中承擔的重任。接著分析組織文化如何在組織中滲透，以形成全體員工的共識。

　　最后介紹企業在國際化經營中常見的文化衝突，包括價值觀念、思維方式和風俗習慣等方面的衝突。解決文化衝突的辦法是：互相尊重，互相瞭解，允許文化差異存在，逐步加以配合，實行本土化政策，在東道國招收當地員工特別是高層管理者，等等。

二、基本知識勾勒

　　組織文化的概念和內容
　　組織文化的特徵
　　組織文化的正面作用
　　組織文化的負面作用
　　影響組織文化形成的因素
　　組織文化在組織內部滲透的途徑
　　國際化經營中常見的文化衝突
　　國際化經營中文化衝突的解決辦法

三、學習目的要求

學習本章的目的要求是：

瞭解：組織文化的概念、內容和特徵。

理解：組織文化的正面和負面作用，影響組織文化形成的因素，國際化經營中的文化衝突及其解決辦法。

掌握：組織文化在組織內部滲透的途徑。

四、重點難點解析

(一) 組織文化的概念和內容

組織文化的概念眾說紛紜，綜合各種觀點，可概括為：組織文化是在長期管理活動中形成的、組織成員共有的管理理念、思維方式和行為規範的總和。

管理理念是對組織存在意義的哲學思考，是組織文化的核心內容。它包括組織的世界觀、價值觀和道德觀三部分。世界觀是組織成員共同的對事物和行為的最一般的看法，它回答「世界和社會是什麼」「人為什麼活著」「組織為什麼存在」等問題。價值觀是組織成員共同的對事物和行為是否有價值以及價值大小的看法，它回答「這件事是否值得去做」「值得付出多大代價」等問題。道德觀是組織成員共同的對事物和行為是非善惡的判斷標準，它回答「誰是誰非」「何為善、何為惡」等問題。

思維方式是組織成員共同的對事物和行為的直接反應和思考方式。它受到管理理念的影響，又直接影響行為規範。

行為規範是指導組織成員在一定情況下應當如何行動的內在心理的規則，是管理理念和思維方式的具體表現形式。

管理理念和思維方式構成組織文化的精神層面，隱含於組織成員的頭腦中。行為規範則構成組織文化的行為層面，體現在組織成員的行為中。三者密切結合，組成組織文化的內容。

(二) 組織文化的特徵

(1) 共有性（認同性）。即組織文化必須為組織成員所共有或認同，形成統一的思想和行動。

(2) 人為性。即組織文化是人為形成、長期培育和滲透的結果。

(3) 人身依附性。即組織文化融入人的頭腦，體現在人的思維方式、工作作風和風俗習慣中，並通過人的行為擴散到產品、商標等物體上。

(4) 穩定性。即組織文化一旦形成,就會延續較長時間,不會輕易變化。
(5) 繼承性。即組織文化是對社會文化傳統的繼承。

(三) 組織文化的正面作用

(1) 導向作用。組織的管理理念（世界觀、價值觀、道德觀）對組織的經營目標和戰略制定具有重要的指導作用,同樣影響員工的行為,形成組織特有的風氣和氛圍。

(2) 激勵作用。組織文化有助於營造和諧的人際關係,尊重人、關心人的環境,對滿足員工的高層次需要產生穩定持久的激勵作用。

(3) 協調作用。共有的管理理念和思維方式使人們易於溝通,取得一致意見;共有的思維方式和行為規範使人們易於協調行為,統一行動。

(4) 自我約束作用。組織文化經過長期滲透,形成員工的職業操守和行為習慣,形成自我約束能力,與組織的規章制度相輔相成。

以上是組織文化對組織內部的有利影響,此外,它還影響組織的外部形象。人們通常是通過組織特有的文化特徵來認識和評判該組織。

(四) 組織文化的負面作用

(1) 組織文化慣性不適應變革。組織文化的穩定性特徵帶來其慣性,使人們感覺遲鈍,察覺不到環境的快速變化,或者察覺到了而遲遲未能採取變革措施,或者採取了變革措施而傳統的文化觀念仍繼續滯留,頑強地表現自己。

(2) 扼殺個性和思想觀念多元化。組織文化的共有性特徵會帶來思想觀念的同一化,妨礙個性的發揮和思想觀念的多元化,對員工和組織的發展不利。

(3) 排斥外來文化。社會組織的文化一旦形成,可能發展為唯我獨尊、排斥一切外來文化,這就不利於企業的多元化經營和跨國經營。

(五) 影響組織文化形成的因素

(1) 高層管理者個人的管理理念。高層管理者在組織中的地位和權責範圍決定了他有責任也有權力來塑造組織文化,同時決定了組織文化必然反應他個人的世界觀、價值觀和道德觀。

(2) 組織的歷史經驗教訓。社會組織發展過程中的成功經驗和失敗教訓給員工留下深刻體驗,這些體驗經過總結、思考、抽象化,就會融入組織文化中。

(3) 組織行業性質。不同行業的組織,其業務活動的性質不同,組織文化必然呈現差異。例如學校、醫院的文化就與工商企業不同,所以行業性質是影響組織文化的因素之一。

(4) 社會經濟環境。一個社會的經濟發展水平和實施的經濟體制會對其

經濟組織的文化形成產生巨大影響。

（5）社會文化背景。組織文化的繼承性特徵表明了社會文化傳統（價值觀念、生活方式、風俗習慣、宗教信仰等）對組織文化具有重要影響。

（六）組織文化在組織內部滲透的途徑

（1）日常管理活動滲透。組織文化通過長期戰略規劃、年度計劃滲透到各部門，貫徹到全體員工中，計劃執行結果通過「計劃執行報告」反饋到最高管理層；最高管理層根據當時環境和前期計劃執行情況，制訂和貫徹新的計劃。如此反覆循環，組織文化反覆傳播和滲透，成為員工的共同思想和自覺行為。

（2）樹立英雄榜樣。英雄榜樣使組織文化具體化、形象化，便於員工學習和文化滲透。

（3）開展共同活動。領導者通過和員工共同參加的各種活動，言傳身教，傳播組織文化。

（4）設立業績、行為評價制度。管理者通過設立業績、行為評價制度，表明組織的價值觀、道德觀和行為規範，以引導員工的行為。

（5）教育培訓。通過形式多樣、內容豐富的教育培訓，灌輸管理理念、思維方式和行為規範，是組織文化滲透的最積極主動的途徑。

（七）國際化經營中常見的文化衝突

國際化經營中的文化衝突是指在跨國經營的企業中，具有不同社會文化傳統的人員聚在一起，因價值觀、道德觀、思維方式、風俗習慣等的差異而引發的矛盾和衝突。常見的有：

（1）價值觀衝突。如個人主義與集體主義的衝突，以及對權力、地位、頭銜等級等的重視程度等。

（2）思維方式衝突。如對待新鮮事物和風險的態度，重視定性分析抑或定量分析，在表達觀點上是喜好直率還是傾向委婉含蓄等。

（3）風俗習慣衝突。除宗教信仰外，各國人民的風俗習慣也有許多差異，導致文化衝突。

（八）國際化經營中文化衝突的解決途徑

國際化經營中的文化衝突是不可迴避的，比較切實可行的解決辦法是盡力使不同文化逐步融合，創造出企業特有的組織文化。實現文化融合，需注意下列五個問題：

（1）互相尊重。承認文化不同卻相互尊重。

（2）互相瞭解。雙方均努力瞭解對方的文化傳統，即可消除許多誤會和矛盾。

（3）允許文化差異的存在，不要急於去改造對方或強迫對方接受自己的文化。

（4）逐步推進文化融合。首先是「求同存異」，在此基礎上再謀求差異的融合。

（5）實行本土化政策。許多國際化經營企業都實行在東道國招收當地的員工特別是招聘高層管理人員，逐步實現本地人管理的政策，利於實現文化融合，消除文化衝突。

五、練習題匯

（一）單項選擇題

1. 下列項目中不屬於組織文化負面影響的是（　　）。
   A. 組織文化慣性不適應變革
   B. 扼殺個性和思想觀念多元化
   C. 排斥外來文化
   D. 在國際化經營中引起文化衝突

2. 下列項目中不屬於國際化經營中文化衝突的是（　　）。
   A. 價值觀衝突
   B. 利益分配不公引發的衝突
   C. 思維方式衝突
   D. 風俗習慣衝突

（二）多項選擇題

1. 組織文化的內容包括（　　）。
   A. 管理理念　　　　B. 組織結構
   C. 思維方式　　　　D. 行為規範
   E. 規章制度

2. 組織文化的特徵有（　　）。
   A. 共有性　　　　　B. 人為性
   C. 人身依附性　　　D. 穩定性
   E. 繼承性

（三）判斷分析題

1. 組織文化對組織發展既有正面作用，又有負面影響。我們應積極發揮其正面作用，縮小乃至消除其負面影響。

2. 美國的跨國公司設在國外的分支機構，如完全由美國人擔任高級主管，

就不會出現文化衝突。

（四）簡答題

1. 試簡述組織文化的正面作用。
2. 組織文化的形成要受哪些因素的影響？

（五）論述題

1. 組織文化要滲透到員工中有哪些途徑？
2. 要解決國際化經營中的文化衝突，必須注意哪些問題？

（六）案例分析題

案例：RMI 公司

RMI 公司是美國鋼鐵公司和國民釀酒公司下屬的一家子公司，設在俄亥俄州的奈爾斯，生產鈦質產品，工人人數超過 2,000 人。多年來，公司不景氣，生產效率低下，利潤微薄。但在最近五年，它却取得了引人注目的成功。

公司的變化是從「大個子吉姆」被任命為公司總經理時開始的。此人原是一名職業足球運動員、克利夫蘭市一球隊的隊長。他來公司后，推行以人為中心的生產率改進計劃。《華爾街日報》把他的計劃說成是「不折不扣的老一套，是矯揉造作、大堆口號、廣結善緣、逢人就笑的大雜燴」。他的工廠裡遍貼著這類標語：「人若板著臉，你以笑臉迎」「不愛那一行，斷難有成就」等，標語上全簽上「大個子吉姆」的大名。

事情就這麼簡單。公司的標誌就是一張滿面春風的笑臉，無論是在廠房的正牆上、廠內的標示牌上，還是使用的文具或工人的安全帽上都有。「大個子吉姆」大部分時間都開著一輛小車在廠裡視察，跟工人們招手、開玩笑、直呼其名，親昵極了。他還花不少時間同工會搞好關係，讓工會參加他的會議，讓工會瞭解廠裡在幹什麼，當地工會主席對他大為讚賞。

這樣做的結果是，過去三年，他幾乎未花更多的投資，却使生產效率幾乎提高了 80%。他手裡的工會投訴案件，從他接手工廠前的約 300 件降到現在的 20 件左右。他的用戶（如諾思羅普飛機公司）說，「大個子吉姆」無非就是對他的用戶和職工們表示高度關懷罷了。

分析問題：

1. 你認為「大個子吉姆」所推行的是否是一種公司文化？其主要內容是什麼？
2. 「大個子吉姆」推行的公司文化何以能使公司取得巨大成功？

第 五 章
組織的決策

一、本章內容指點

　　我們首先要說明為什麼將決策一章列入總論篇而不列入職能篇，即將決策視為管理的核心問題而不作為管理的一項獨立的職能。在第一章第二節中已指出，有些管理學者將決策定為管理的一項職能，同計劃、組織、領導等職能並列。但是我們卻遵從決策學派管理理論的觀點，認為決策貫穿於管理的各方面和全過程，在計劃、組織、領導等職能中都有著大量的決策問題，「決策同管理幾近同義」，所以不可將決策看作管理的一項獨立職能，而應看成管理的核心問題，從而把本章納入總論篇而非職能篇。

　　本章先介紹決策的概念、特徵和分類，接著較詳細地討論重大問題決策的程序步驟，以及決策的原則和要求。在原則部分，滿意原則和集體決策與個人決策相結合的原則是極為重要的。在要求部分，「正確決策來源於議論紛紛，眾口一詞則常帶來錯誤的決策」「沒有不同意見，就不做決策」等至理名言值得管理者們牢記。

　　最後，介紹了定性決策法和定量決策法，他們適用於不同的決策，所以應根據實際情況選擇採用，有時也可以結合起來運用。

　　各級管理者都肩負著決策的任務，因此，往往被稱為決策者。希望他們都重視決策問題，特別是決策的民主化和科學化。

二、基本知識勾勒

　　決策的概念、特徵和分類
　　決策的程序步驟
　　決策的原則和要求
　　定性決策的方法
　　確定型決策的定量決策法
　　風險型決策的定量決策法

不確定型決策的定量決策法

三、學習目的要求

學習本章的目的要求是：
瞭解：決策的概念、特徵和分類。
理解：決策是否管理的一項職能，決策的程序步驟。
掌握：決策的原則和要求，決策方法的基本原理。
運用：聯繫實際運用決策的原則和要求；運用量本利分析法、決策樹法等解決決策問題。

四、重點難點解析

(一) 決策的概念

決策是指組織或個人為了實現某個目標（或解決某個問題）而對未來一定時期內活動的方向、方式方法做出的選擇或調整過程。

理解此概念，有四個要點：
(1) 決策主體可以是組織，也可以是個人；其目的是實現某目標或解決某問題；
(2) 決策的內容可能涉及未來活動的方向，也可能涉及活動的方式方法；
(3) 決策既可以是對未來活動的初始選擇，又可以是在活動過程中對初始選擇做出的調整；
(4) 決策既非單純的「出謀劃策」，又非簡單的「拍板定案」，而是一個多階段的分析判斷過程。

(二) 決策是否管理的一項職能

對這一問題，人們的看法各異。有的學者將決策視為管理的單獨職能，與計劃、組織、領導等職能並列。但決策學派卻認為決策貫穿於管理的各方面和全過程，即貫穿於計劃、組織、領導等職能之中而不能單獨抽出來作為一項職能。

我們讚同決策學派的看法。社會組織行使的每一項管理職能，都內含著決策。例如計劃職能，在組織的方針、目標、計劃、戰略等的制定中，就有大量的決策問題。又如組織職能，組織結構的設計、管理幅度大小、集權分權的程度等，都需要做出決策。又如領導職能，領導者對領導方式和激勵方式的選擇，就是決策問題。其他如人事、控制、協調、創新等職能，情況也是如此。

因此，決策是同管理各職能緊密結合在一起的、不能分割的。假如將決策從各職能中抽出來，作為一項單獨職能，則不但會把計劃、組織等職能的重要內容抽空，而且會導致決策這一職能的目的性不明，這顯然是不當的。因此，我們不把決策看作管理的一項職能。儘管如此，我們肯定決策是管理的核心問題，設專章去研究，這就仍然表明了對決策的高度重視。

（三）決策的特徵

決策主要有六個特徵：

（1）目的性。決策總是為了解決一定的問題或實現一定的目標。弄清這個問題或目標，是決策的前提。

（2）超前性。決策是針對未來行動的，要求決策者有「超前意識」，目光敏銳，預見到事物發展趨勢，適時地做出決策。

（3）選擇性。決策的實質是選擇。要能有選擇，就必須有兩個以上可供選擇的方案。如只有唯一的方案，就無所謂決策。

（4）可行性。決策所依據的資料和數據必須較為準確、全面；方案本身有實施的條件；決策的實施能解決預定的問題或實現預定目標。

（5）過程性。決策是一個多階段的分析判斷過程，而且組織決策通常不是一項決策，而是一系列決策的綜合。

（6）動態性。組織的內外部環境在不斷變化，決策是一個接著一個、動態發展的，並非一勞永逸。

（四）決策的分類

決策可按不同的標準來分類。

如按主體來劃分，決策分為個人決策和組織決策。我們這裡側重研究組織決策。

如按其重要程度來劃分，決策可分為戰略決策和戰術決策。戰術決策又可細分為管理決策和業務決策。

如按是否初次選擇來劃分，決策可分為初始決策和追蹤決策。追蹤決策是在初始決策實施後對初始決策做出調整或變革的決策。

如按所要解決的問題的重複程度來劃分，決策可分為程序化決策（常規決策、例行決策）和非程序化決策（非常規決策、例外決策）。

如按問題所處的條件及可靠程度來劃分，決策可分為確定型決策、風險型決策和不確定型決策。

（五）決策的程序

典型的決策程序可劃分為下列六個階段：

（1）確定目標。這是在對組織內外部環境進行調研的基礎上，提出決策

希望解決的問題或企圖達到的目標。要考慮目標的「質」的要求和「量」的要求,處理好多目標的關係。

(2) 收集情報。這是針對上一階段確定的目標,通過多種途徑,收集組織內外有關的情報資料,為擬訂和評估可行方案作準備。要注意情報資料的廣泛性、客觀性、科學性和連續性。

(3) 擬訂方案。這就是在對大量情報資料進行科學分析的基礎上,擬訂出可能解決預定問題、達到預定目標的兩個以上的可行方案。方案要盡可能多一些,以利評估和選擇。

(4) 評估方案。這是對每個待選方案按決策目標要求,從各方面評估其執行結果的分析論證過程。它包括價值論證(可能帶來的價值或問題)、可行性論證(是否具備實施的時機和條件)和應變論證(估計原有條件發生變化,能否提出應變措施)。

(5) 選擇方案。這是在比較諸方案優劣的基礎上選擇一個滿意方案的過程。它包括確定評價標準、選用決策方法、鑒定與實驗等步驟。

(6) 實施方案。決策的制定是為了付諸實施。要制訂實施方案,慎選實施人員,明確實施責任,在實施過程中加強信息反饋和控制。

必須補充說明以下幾點:

(1) 上述程序屬於解決重大問題的典型程序;如決策不太重大或複雜,則有些階段可合併,例如將擬訂方案和評估方案,或將評估方案和選擇方案合併在一起。

(2) 一般情況下,決策程序按上述階段依次進行,但有時某些階段會發生逆轉。例如在擬訂方案時發現情報資料不夠充分,於是重新收集;有時在選擇方案時發現新的分支問題,從而需要重新收集情報,重新擬訂方案。

(3) 上述各階段中,並非只有第五階段才是決策問題。事實上,決策貫穿在每一個階段。如確定目標、收集情報、擬訂方案、評估方案等階段,都內含著決策。所以,一個決策過程乃是一系列決策的綜合。

(4) 決策最終是由決策者「拍板」,但其間也凝聚了廣大員工集體的智慧和勞動。確定目標和選擇方案兩個階段基本上是決策者本人的活動,但其餘四個階段則是廣大員工參與的活動,是決策者交給廣大員工的任務。因此,決策尤其是重大決策,是一種集體行為,是民主集中的過程。不過,這並不降低決策者個人的作用和責任,決策的每一階段都有他的參與,都體現其個人意志,因而決策正確與否將充分反應其管理水平和素質的高低。

(六) 決策的原則

1. 滿意原則

滿意原則是針對「最優化原則」提出的。「最優化」的理論假設是把決策

者作為完全理性化的人，決策是他以「絕對的理性」為指導，按「最優化原則」行事的結果。但是處於複雜多變環境中的組織及其決策者，要對未來做出「絕對理性」的判斷，必須具備下列條件：

（1）決策者對相關的一切信息能全部掌握；
（2）決策者能對內外環境的發展變化進行準確預測；
（3）決策者對可供選擇的方案及其后果能完全知曉；
（4）決策不受時間和其他資源的約束。

這四個條件對任何決策者都不可能完全具備，因此，決策不可能是「最優化」的，只能要求是「令人滿意」或「足夠好」的。

我們講的「滿意」決策，就是能滿足合理目標要求的決策。具體說來，有以下內容：

（1）決策目標追求的並非使組織及其業績達到理想的完美，而是使其能得到切實的改善，實力得到增強；
（2）決策備選方案不是越多、越複雜越好，而是要滿足分析對比和實現決策目標的要求，能較充分地利用外部環境中的機會，較好地利用內部資源；
（3）決策方案選擇不是要求利用一切機會，避免一切風險，只是要求「兩利相權取其大，兩弊相權取其小」，使風險可以承受。

2. 層級原則

社會組織內部一般都分設管理層次，各層次的管理者都分擔一定責任，享有相應職權，其中包括決策權。組織的決策是分層級進行的，並非全部集中由高層管理者完成，各個管理層級都有決策，只是其範圍和重要程度不同而已。

3. 系統原則

這就是在決策工作中運用系統論原理，首先將決策對象視為一個系統，以系統的整體目標為核心，追求整體目標滿意為目的；其次，強調系統內部各層次、要素、項目之間的關係要協調；最后，要建立反饋系統，動態平衡。

4. 集體決策和個人決策相結合的原則

集體參與決策的優點是集思廣益，利於提高決策質量；其缺點是耗時較長，成本較高，容易出現無人負責的情況。個人決策的優點是耗時少，當機立斷，責任明確；其缺點則是信息不充分，主觀成分重，容易出偏差，且不易調動其他成員的積極性和創造性。

因此，應當將集體決策和個人決策結合起來，按照決策對象的範圍、要求、重要程度等的不同，分別由集體或個人做出決策。重大問題必須集體決策；個人決策也要多聽取群眾意見，特別是不同意見，防止獨斷專行。這是決策民主化的要求。

(七) 決策的要求

美國已故著名管理學者德魯克為高層管理者推薦有效的決策五要素，我們理解為決策要求：

(1) 弄清問題的性質。要分清經常出現的例行問題和偶然發生的例外問題，分別採用程序化和非程序化的決策辦法去處理。

(2) 瞭解決策應遵循的規範。規範包括目標（目的）和條件。規範說明得越清楚，則據以做出的決策越有效。

(3) 仔細思考，正確決策。為了正確決策，必須善於聽取不同意見，特別是反面意見，洞悉問題的方方面面，考慮盡可能多的事態發展。正確的決策來自議論紛紛，而眾口一詞則常常帶來錯誤決策。好的決策應以互相衝突的意見為基礎，從不同的觀點中進行選擇。決策時應堅持一個原則：沒有不同見解，就不做決策。

(4) 化決策為行動。在做出決策後，應制定其實施規劃，按照規劃去實施決策。

(5) 對決策實施過程實行控制。建立實施過程的信息反饋制度，及時瞭解過程動態和環境變化，採取必要措施，保證達到決策目標，以及在必要時重新做出決策。

(八) 定性決策的方法

定性決策法就是主要依靠決策者個人或集體的知識、經驗、能力、直覺和他們所掌握的信息資料，來判斷、鑑別備選方案進行決策的方法。此法普遍應用於戰略決策、非程序化決策、風險型決策和不確定型決策；在其他決策中，也同定量決策法結合起來應用。

教材上介紹的三種定性決策法（淘汰法、環比法和歸類法），實際上都是淘汰或篩選法，或根據一定的評價標準，或通過方案互相比較，優勝劣汰，最后選出滿意方案。這裡雖有簡單的計算，但主要是依靠決策者的知識、經驗等做出判斷。

(九) 確定型決策的定量決策法

定量決策法是應用現代科學技術成就（運籌學、統計學、管理科學、計算機等），對備選方案進行定量的分析計算，從而選擇出滿意方案的方法。此法在戰術決策、程序化決策、確定型決策和風險型決策中得到廣泛應用，有時同定性分析法結合起來應用。

確定型決策的特點是，其備選方案的實施只存在一種自然狀態，方案實施的后果都能確定，因而便於相互比較，做出決策。這種決策常採用定量決策法，教材上介紹了以下兩種：

（1）直觀判斷法最為簡單，並無分析計算，僅比較方案的已有數據即可做出判斷，所以也可算作定性分析法。

（2）量本利分析法（盈虧平衡分析法）是管理會計的重要內容，主要應用於企業生產計劃安排和成本控制中的決策。其基本原理是區分固定成本和變動成本，將銷售收入與變動成本的差額稱為邊際貢獻。邊際貢獻首先用於補償固定成本，如剛好補償，則企業不虧不盈（保本）；如補償之後尚有餘，則企業盈利；如補償不了，則企業虧損。（理解教材上的圖5-2，最為重要）

基本公式：$Z = C + V \cdot X$

$I = S \cdot X$

$P = I - Z = S \cdot X - V \cdot X - C = X(S - V) - C$

$X_0 = \dfrac{C}{S - V}$

$I_0 = \dfrac{C}{1 - \dfrac{V}{S}}$

式中：Z指總成本；

I指銷售額（或產值）；

C指固定成本；

V指單位產品變動成本；

S指產品單價；

X指銷售量（或產量）；

P指利潤；

X_0指盈虧平衡時的銷售量（或產量）；

I_0指盈虧平衡時的銷售額（或產值）；

$S-V$指單位產品的邊際貢獻；

$1 - \dfrac{V}{S}$指單位產品的邊際貢獻率。

（十）風險型決策的定量決策法

風險型決策的特點是，備選方案的實施存在著兩種以上的自然狀態，不同的自然狀態會得出不同的實施后果。風險型決策會因后果不確定而存在風險，不過各自然狀態出現的概率可以預測。教材上介紹的這種決策的定量決策法為決策樹法，附帶介紹常用的敏感性分析。

（1）決策樹法是以圖解方式，通過分析計算各備選方案在不同自然狀態下的平均期望值來進行決策的方法。此法具有直觀感，便於集體決策，運用最為廣泛，尤其適用於比較複雜的決策問題。

決策樹法的基本原理是用圖形反應出各備選方案、方案實施時的不同自然狀態及其出現的概率、在不同自然狀態下各方案的實施后果（期望值）以及各方案實施所需投資。然后按下列公式計算各方案的平均期望值：

$$\begin{matrix}備選方案的\\平均期望值\end{matrix} = \sum \begin{matrix}該方案在某自然\\狀態下的年期望值\end{matrix} \times \begin{matrix}該自然狀態\\出現的概率\end{matrix} \times \begin{matrix}方案的有效\\利用期（年數）\end{matrix}$$

將各方案的平均期望值扣除實施所需投資得出的余額相比較，余額最大者應為滿意方案，其余方案被捨棄（在圖上表現為「剪枝」）。

（2）敏感性分析是用於研究決策方案受自然狀態概率變動的影響程度的方法。如概率稍有變動，方案期望值就有大變動，甚至導致改變決策方案，這就被認為是敏感的，決策不穩定而風險較大；反之，就是不敏感的，決策較穩定且風險較小。

進行敏感性分析，首先要如教材所舉例計算轉折概率。如方案的預測概率大於轉折概率，則方案可以進行；反之，則不宜進行。我們還希望預測概率盡可能大於轉折概率，這就應進一步計算敏感性係數（即轉折概率與預測概率之比值）。敏感性係數越小，說明預測概率較轉折概率大得多，方案穩定而風險小；反之，敏感性係數大，則方案不穩定而風險大。

（十一）不確定型決策的定量決策法

不確定型決策類似於風險型決策，其特點是各自然狀態出現的概率都不能預測，因而方案后果極不確定。此類決策常用定性決策法，但也可用一些定量決策法作輔助。這裡介紹三種定量決策法：

（1）最大最小值法又稱悲觀決策法，是思想保守的決策者常用的方法。其原理是先考察各方案在不同自然狀態下的最小收益值，然后比較各方案的最小收益值，選擇其中最小收益值為最大者的那個方案為滿意方案。這就是說，決策者從最壞處著想，力求在最壞的情況下收益較大（或損失較小）。

（2）最小后悔值法是以各方案的機會損失大小對比來進行決策的方法。在決策過程中，當某個自然狀態出現時，決策者當然希望選擇當時收益最大的那個方案，如未選這個方案而另選其他方案，定會感到后悔。這時其他方案的收益值與收益最大方案的收益值的差額，就是其他方案的后悔值（即其機會損失）。我們可按此原理先計算各方案的后悔值，然后再比較各方案的最大后悔值，選擇最大后悔值為最小的那個方案為滿意方案。這就是說，力求將機會損失降到最小。

（3）機會均等法是主觀假定各自然狀態出現的概率相同、然后計算各方案的平均期望值來決策的方法。這實在是一種迫不得已的辦法，當然選擇平均期望值最大的那個方案為滿意方案。

必須指出的是，同一個決策問題，因採用的方法不同，選擇的方案就可能不同。所以需要決策者作定性分析判斷，同時也可多用幾種方法將得出的結果作比較。

五、練習題匯

(一) 單項選擇題

1. 主要由組織的基層管理者負責的決策是（　　　）。
   A. 戰略決策　　　　　　　B. 管理決策
   C. 業務決策　　　　　　　D. 非程序化決策

2. 採用有效的組織形式，充分依靠決策者的學識、經驗、能力、直覺等來進行決策的方法，稱為（　　　）。
   A. 定性決策法　　　　　　B. 定量決策法
   C. 量本利分析法　　　　　D. 決策樹法

(二) 多項選擇題

1. 不確定型決策的主要方法有（　　　）。
   A. 量本利分析法　　　　　B. 最大最小值法
   C. 最大可能法　　　　　　D. 最小后悔值法
   E. 機會均等法

2. 決策按所要解決問題的重複程度來劃分，可分為（　　　）。
   A. 程序化決策　　　　　　B. 非程序化決策
   C. 確定型決策　　　　　　D. 風險型決策
   E. 不確定型決策

(三) 判斷分析題

1. 組織的戰略決策往往屬於確定型決策，而業務決策一般屬於風險型或不確定型。
2. 決策過程的各階段都屬於決策者的個人行為。

(四) 簡答題

1. 你認為決策是管理的一項職能嗎？
2. 有人說：正確的決策來自議論紛紛，而眾口一詞則常常帶來錯誤的決策。你同意這種說法嗎？為什麼？

(五) 論述題

1. 試論決策的滿意原則。
2. 試述量本利分析法的基本原理。

(六) 計算題

1. 某電視機廠的某型號平板電視機銷售單價為1萬元/臺，單臺變動成本

為 0.6 萬元/臺，應分擔固定成本為 400 萬元。試問盈虧平衡時的銷售量（產量）為多少？銷售收入（產值）為多少？若安排明年銷售（生產）2,000 臺，試問能否盈利？利潤為多少？

2. 某洗滌劑廠生產某種已試製成功的新產品，擬新建車間，有兩個方案：一為建大車間，需投資 300 萬元，初步測算，銷路好時，每年可獲利 100 萬元，銷路不好時則每年將虧損 20 萬元；二為建小車間，需投資 140 萬元，銷路好時每年可獲利 40 萬元，銷路不好時仍可獲利 30 萬元。根據初步市場預測，新產品銷路好的概率為 0.7，銷路不好的概率為 0.3。無論大小車間，服務期限均以 10 年計。請進行決策。

3. 某企業擬將某產品推向四個市場，估計銷路有三種狀態，其概率很難預測。經測算，推向四個市場的收益值如表 5-1 所示。試問應優先推向哪一個市場？

表 5-1　　　　將某產品推向四個市場的三種銷路的收益值

收益值（萬元）＼自然狀態　　市　場	銷路好	銷路一般	銷路差
A	100	50	−20
B	80	30	−10
C	150	60	−40
D	75	25	−5

註：請採用最大最小值法和最小后悔值法來決策

（七）案例分析題
案例 1：某印刷廠的有效性和效率決策

某印刷廠主要從事報紙廣告插頁的印刷，這些廣告是超級市場、雜貨連鎖店和廉價商店登載的。這項業務占該廠當年銷售額的 70%。此外，該廠還從事專業印刷，大部分是優質的彩色廣告、商品目錄和百貨公司的（推銷）傳單。插頁業務對價格極為敏感，且利潤率低。專業印刷需較高的技巧，用戶對價格不過分看重，因而利潤率較高。

這個廠的廠長過去一貫追求銷售額的增長，著重發展量大而低利的插頁業務。現在他想設法提高銷售利潤率，以增加盈利。為此他去請教了廠顧問。

廠顧問向他介紹，有兩類企業的資金利潤率較好：第一，「講求有效性」的經營者，他們通過產品差別化、廣告和用戶服務，去開拓一個不大但利潤率較高的市場；第二，「高效率」的經營者，他們以價格來競爭，用最低的成本和價格去爭取盡量大的市場佔有率。印刷廠實際面臨兩個市場，插頁業務是效率型市場，專業印刷則屬於有效性市場。由於工廠現有設備能力有限，如出高

利去貸款以擴大能力也不一定合算，所以需要在插頁業務與專業印刷之間做出選擇。

單搞插頁業務或單搞專業印刷，都將在未來一段時期內產生不利的后果，丟掉了的業務是難以恢復的。如決定單搞專業印刷，則工廠的銷售額將顯著下降，因為可能承接的專業印刷業務肯定不會有插頁業務那樣多。要在兩者之間做出選擇，看來是一個艱難的戰略決策。

分析問題：

1. 這個廠要進行這項決策，必須在外部環境和內部條件的哪些方面進行調研和預測？
2. 如果你是廠長，你將如何做出決策？
3. 這個廠有無其他途徑去提高銷售利潤率，增加盈利？

案例 2：國際農業機械公司

國際農機公司長期生產和銷售農業用機器，規模宏大，跨國經營。公司總裁對過去的成功感到滿意。在一次來自全球各地的經銷商會議上，大家都建議這位總裁擴大產品品種，以滿足用戶複雜多變的需求。

總裁是工程技術人員出身，他想到擴大品種必將加大研究與開發的投資，要花費巨資去改造現有的生產線，要增加零部件的庫存，工人也需要重新培訓。他又想到現有的產品品種雖不多，但畢竟已經取得了成功，可以考慮不擴大品種而去改進現有產品，降低其成本和價格。可是為什麼經銷商們（還有公司的市場營銷人員）那樣強烈地建議自己去擴大產品品種呢？現在是該認真考慮這個問題的時候了。

分析問題：

1. 總裁在做出決策前需要進行哪些方面的調查研究？
2. 在調研之后，總裁可能做出什麼決策？

下篇　職能篇

第 六 章
計　　劃

一、本章內容指點

　　從本章開始，直到第十二章，將分別討論管理的七大職能。從計劃講起，因為它是領先的職能。

　　本章首先介紹計劃工作的概念、重要作用、任務和內容。應注意的是，從狹義上看，計劃工作包含目標、計劃、戰略和預算；如從廣義上看，則把使命（宗旨）、方針政策、程序、規章制度等均包括在內，因為它們像計劃一樣，需要策劃、制定和組織實施，而且對目標、計劃、戰略等起著指導、約束的作用。本章討論的是狹義的計劃工作。

　　關於目標，介紹了其概念、多元化和排出優先順序，目標的時間、結構和衡量標準。接著突出介紹了目標管理這一現代化管理方法，包括其基本原理、實施程序、重要作用和執行中需注意的問題。這種管理方法適用於各類社會組織，經引入中國後，取得了豐富的經驗。

　　最后介紹戰略規劃。強調了其重要作用，並以企業為例，分析了戰略規劃的三個層次（這是較大規模的企業已分設戰略經營單位的情況，如企業規模小，未設戰略經營單位，則只有兩個層次）。這三個層次，簡要說明了戰略規劃制定和執行中的一些問題。在高校管理類專業，在其高年級已開設「戰略管理」課程，對戰略規劃還將著重研究，此處所學知識可視為打基礎。

二、基本知識勾勒

　　　　計劃職能的重要地位
　　　　計劃工作的任務和內容
　　　　目標的多元化和優先次序
　　　　目標的時間、結構和衡量標準
　　　　目標管理的基本原理
　　　　目標管理的實施程序

目標管理的重要作用及其執行中應注意的問題
戰略規劃的重要性及其焦點
戰略規劃制定和執行的原理

三、學習目的要求

學習本章的目的要求是：

瞭解：計劃職能在管理中的重要地位，計劃工作的任務和內容；目標的多元化和優先次序。

理解：目標的時間、結構和衡量標準；目標管理的重要作用及其執行中應注意的問題；中國推行目標管理的新經驗；戰略規劃的重要性及其焦點。

掌握：目標管理的基本原理和實施程序；戰略規劃制定和執行的原理。

運用：聯繫實際說明計劃職能和戰略規劃對社會組織的極端重要性。

四、重點難點解析

（一）計劃職能在社會組織中的重要地位

可從下列幾方面去分析：

（1）組織使命的實現必須有計劃。計劃圍繞著實現組織使命而進行，為使命服務。

（2）計劃貫穿於組織系統的各方面，貫穿於組織活動的始終。計劃性成為整個管理活動的原則，制訂和實現計劃是管理過程的基本內容。

（3）計劃職能具有領先性，為實現其他管理職能提供基礎。先有目標和計劃，才知道需要什麼組織結構，如何領導和用人，如何進行控制等。

（4）計劃是調節和穩定組織同其他組織相互關係的工具。這就有利於本組織業務活動和相關組織的活動都能順利進行。

（二）計劃工作的任務和內容

計劃工作的基本任務就是實現組織的使命。具體說來，主要任務是確定目標、分配資源、組織業務活動、提高（經濟和社會）效益。

從廣義看，計劃工作的內容或類型包括使命或宗旨、目標、戰略、方針政策、規章、程序、規劃或計劃、預算等。它們之間是一種相互關聯的多層次關係。

（三）目標的多元化和優先次序

當今社會組織生存於一定的社會環境中，若干不同的利益集團都對組織活

動產生影響，對組織目標提出不同的要求，因而組織的目標不是單一而是多元化的。例如中國企業的總體目標就包括貢獻、市場、發展、利益等目標，每一類又包括若干具體目標。

目標既然是多元化的，就需要按主次輕重排出次序，以便保證重點，照顧一般。不過，這項工作比較困難，原因是：①目標的性質多種多樣，不同質的目標難以進行比較從而難以排出優先次序；②目標數量大而相互聯繫強，難以截然分開；③有些目標清晰度不足，不易相互比較；④還必須考慮目標的衡量標準與目標性質要求的一致性。儘管如此，管理者仍然應當盡可能排出次序。

（四）目標的時間、結構和衡量標準

目標的時間長度不同，一般可分為短期（一年以下的）目標、中期（一年至五年）目標和長期（五年以上的）目標。一個組織的這些目標應相互聯繫，一般應當先定長期目標，再定中、短期目標，「長」指導「短」，「短」保證「長」。組織要按照不同時間長度的目標制訂相應的不同時間長度的計劃。

社會組織一般分設若干管理層次和部門，這就要求為每個層次、每個部門直至每個工作崗位都制定目標，這就形成總體目標到中間目標再到具體目標的目標體系，各中間目標、具體目標之間又都緊密聯繫。組織的目標體系會對各部門員工產生推動（導向）力、向心（凝聚）力和激勵力，因而具有重要作用。

有效的管理要求目標是可以衡量的，衡量的標準是：①盡可能是定量化的；②對難以定量的，可以定性化（但要求詳細具體）；③標準應與目標性質的要求一致。

（五）目標管理的基本原理

目標管理是從20世紀50年代開始在西方企業中運用的現代化管理方法，中國於80年代初引進，現已普遍推廣。目標管理是以「目標」作為組織管理一切活動的工具，它要求在一切活動開始之前首先制定目標，一切活動的進行要以目標為導向，一切活動的結果要以目標完成程度來評價，充分發揮「目標」在組織激勵機制和約束機制形成中的積極作用。

目標管理的基本原理是：①組織內部一切部門、單位和員工都必須有目標，形成完整的目標體系，並用以指導、推動和衡量他們的工作；②各部門、單位和員工的目標並不是由他們各自的上級用分配任務的辦法加以規定，而是由他們自己根據其上級的目標，結合自身實際情況提出建議，報請上級審核平衡確定，也就是說，是上下結合來制定的。這是行為科學理論的運用：自己制定的目標更有利於發揮自身的積極性。

(六) 目標管理的實施程序

目標管理的實施過程可分為兩階段：一為目標制定，另一為目標實施。每個階段又可細分為若干步驟。目標管理程序示意如圖 6-1 所示。

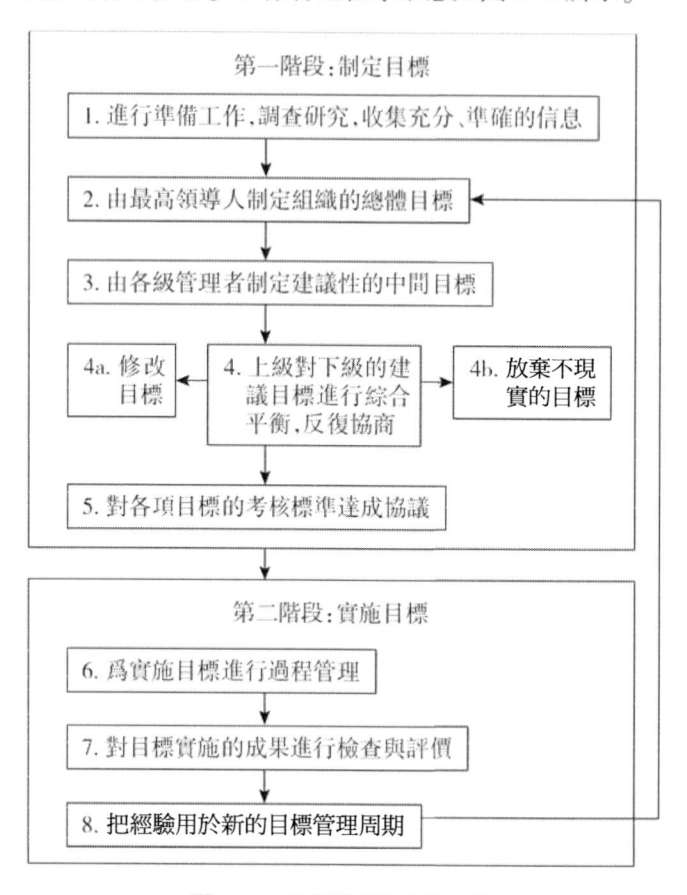

```
第一階段：制定目標
1. 進行準備工作，調查研究，收集充分、準確的信息
2. 由最高領導人制定組織的總體目標
3. 由各級管理者制定建議性的中間目標
4a. 修改目標 ← 4. 上級對下級的建議目標進行綜合平衡，反復協商 → 4b. 放棄不現實的目標
5. 對各項目標的考核標準達成協議

第二階段：實施目標
6. 為實施目標進行過程管理
7. 對目標實施的成果進行檢查與評價
8. 把經驗用於新的目標管理周期
```

圖 6-1　目標管理程序示意圖

注：圖中的第 3、4、5 步驟是分管理層次依次進行的，每個層次都有一個上下級協商過程，此圖作了簡化；第 3 步驟所列的中間目標，在基層和員工崗位則為具體目標。

(七) 目標管理的重要作用及其執行中應注意的問題

目標管理有以下幾方面的重要作用：
(1) 能提高計劃工作的質量；
(2) 能改善組織結構和授權；
(3) 能激勵職工努力完成任務；
(4) 能使控制職能更有成效。

為了充分發揮目標管理的重要作用，在其執行中應注意解決以下問題：
(1) 最高管理層要親自參與目標管理規劃的制定（不應簡單地交給計劃

或人事部門），並積極宣傳和指導規劃的執行。

（2）即將執行目標管理的管理者要具備一定的條件，對目標管理有較為深刻的認識。

（3）目標管理的執行，要求上下左右之間加強溝通協調，使執行的阻力減少到最小程度。

（4）要解決好在執行中經常遇到的問題，例如重視短期目標而忽視長期目標，重視定量化目標而忽視定性化目標，在內外環境變化迅速時及時調整修訂目標等。

（八）中國推行目標管理的新經驗

這些經驗主要有：

（1）將目標同組織的方針結合起來，形成「方針目標管理」，強化方針對目標制定和實施過程中的指導作用；

（2）將目標管理同組織的責任制、行政領導人的任期目標責任制結合起來，強化了責任制；

（3）將目標管理同計劃管理、質量管理、經濟核算等項工作結合起來，使各項管理工作有了更明確的方向；

（4）將目標管理同勞動人事管理結合起來，利於強化勞動紀律，使職工的獎懲及工資獎金分配有了更加科學的標準。

（九）戰略規劃的重要性及其焦點

戰略是組織全局的、長期的謀劃，它在深入調研組織內外部環境的基礎上，發現組織的優勢與劣勢和面臨的機會與威脅，從而設法去發揮優勢，克服劣勢，抓住機會，避開威脅。戰略的規劃是相對於戰略的實施而言的，先規劃後實施。

戰略是組織的大政方針，關係到組織的興衰成敗，因此，戰略規劃十分重要。有了此規劃，組織才有長遠的發展方向，才有可能充分發揮自身優勢去抓住面臨的機遇，克服劣勢，避開威脅，確保組織的生存和發展。

戰略規劃有幾個應當注意的焦點：

（1）規劃的範圍。有三個層次的規劃：企業總體規劃、經營單位規劃和職能性規劃，它們的範圍各有不同。

（2）增加價值。成功的企業將使企業增值。

（3）卓越能力和競爭優勢。戰略就是要培育和發揮企業的卓越能力，去贏得競爭優勢，以實現企業增值。

（4）配置資源。規劃要做到充分利用組織有限的資源。

（5）協同增益。整體效益大於各部分效益之和，這便是協同增益。規劃

應當考慮並努力去實現協同增益。

（十）戰略規劃制定和執行的原理

（1）戰略規劃的制定必須特別重視對組織內外部環境的深入調研，盡可能地掌握豐富、客觀、準確的信息，發現組織自身確實存在的優勢和劣勢，以及組織面臨的機會和威脅。

（2）企業總體戰略規劃著重謀劃其發展方向和經營業務組合。發展方向包括向前發展、維持現狀和退却收縮。經營業務組合則包括單一經營、多元化經營等。此外，還有經營地域上的考慮，包括本地性、地區性、全國性、全球性等。

（3）經營單位戰略規劃是在企業總體規劃指導下對本經營單位（例如事業部、分公司）的競爭戰略做出的規劃。按照哈佛大學教授波特提出的模式，競爭戰略主要包括成本領先、差異性和集中性三種類型。按照通用經營戰略模式，競爭戰略可分四種類型：開發型、防守型、分析型和被動型。

（4）要重視戰略的規劃，同樣要重視戰略的執行。在執行過程中，一方面要繼續關注外部環境的發展變化，留意新的機會和威脅；另一方面要對組織內部諸因素（包括管理者的領導能力、組織結構設計、組織文化、員工的士氣、管理的基礎工作等）不斷進行完善，促進戰略的執行取得預期成果。一旦發現原戰略不能適應新環境，就應及時變革戰略。

五、練習題匯

（一）單項選擇題

1. 具有領先性的管理職能是（　　　）。
   A. 決策　　　　　　　　B. 計劃
   C. 領導　　　　　　　　D. 組織
2. 目標管理的一個鮮明特點是運用了（　　　）。
   A. 科學管理理論　　　　B. 行為科學理論
   C. 決策學派理論　　　　D. 組織文化理論

（二）多項選擇題

1. 組織的目標體系包括的要素是（　　　）。
   A. 長期目標　　　　　　B. 短期目標
   C. 總體目標　　　　　　D. 中間目標
   E. 具體目標
2. 目標管理的重要作用是（　　　）。

A. 能提高計劃工作的質量
B. 能改善組織結構和授權
C. 能確定、檢驗和評價各種目標
D. 能激勵職工努力去完成任務
E. 能使控制職能更有成效

(三) 判斷分析題
1. 一個組織制定其目標，一般是先定短期目標，再定長期目標。
2. 戰略規劃是一個組織長遠戰略的規劃，一切組織所必需的規劃。

(四) 簡答題
1. 計劃工作的基本任務和具體任務是什麼？
2. 中國推行目標管理有哪些經驗？

(五) 論述題
1. 試述目標管理的基本原理。
2. 企業的總體戰略規劃和經營單位戰略規劃各自著重解決什麼問題？

(六) 案例分析題

案例 1：藍天公司引進戰略規劃觀念

藍天公司在 20 世紀 80 年代引進國外生產線，生產和經營某種電子裝備，前幾年效益很好，但進入 90 年代以後，效益呈逐年下降趨勢。

公司董事會最近任命李平博士為總經理，希望他能推行戰略管理，振興公司經濟（藍天公司從未搞過戰略規劃，而在李平從前擔任副總經理的那家公司裡，戰略規劃早已成為管理過程中不可缺少的部分）。通過調查瞭解，李平認為藍天公司的前景堪憂，因為它的產品單一，工藝技術已落後，而市場競爭激烈，有些競爭對手的產品性能比藍天的更好；如不對公司今後的發展作認真的考慮，藍天公司有可能被無情的市場所淘汰。而該公司的前任總經理們幾乎沒有採取任何步驟去考慮公司的未來，他們總是假定，公司將繼續做正在做的事，永遠如此。

李平在致力於把戰略規劃觀念引入藍天公司時，遇到了很大的阻力。尤其是一些不斷重複的異議來自各級管理人員，這是從前任總經理們那裡繼承下來的：

「由於不確定性，我們公司確實不能做規劃。我們不知道下周星期二將發生什麼事，更不用說三年、四年、五年以後了。」

「如果你太注重規劃，那就什麼事都做不成。規劃屬於夢想家，屬於喜好幻想的工商管理碩士（MBA）類型的參謀人員，而不屬於實幹家。」

「我們沒有時間做規劃。這會把太多的注意力從日常工作上移開，而日常

決策才是基層的突出的工作。」

李平似乎無法使其下屬們相信，規劃的目的也是幫助管理者更好地做出當前的決策，並不完全是為了將來。

分析問題：

1. 你能對李平聽到的各種異議做出有說服力的反駁嗎？

2. 李平有可能使各級管理人員接受戰略規劃觀念嗎？他或許將不得不撤換大多數管理幹部特別是高級管理幹部嗎？

3. 假如你是李平，你將在組織上、人事上和程序上採取什麼措施，以著手推行戰略規劃？

案例2：諸葛亮的「隆中對」

公元207年，劉備「三顧茅廬」請諸葛亮出山。亮當時僅27歲，為劉的誠意所感動，向劉提出了被譽為「一對足千秋」、影響一個歷史朝代的「隆中對」。「隆中對」是中國歷史上政治、軍事戰略決策的典型。下面是「隆中對」的全文：

自董卓以來，豪傑並起，跨州連郡者不可勝數。曹操比於袁紹，則名微而眾寡，然操遂能克紹，以弱為強者，非唯天時，抑亦人謀也。今操已擁百萬之眾，挾天子而令諸侯，此誠不可與爭鋒。

孫權據有江東，已歷三世，國險而民附，賢能為之用，此可以為援而不可圖也。

荊州北據漢、沔，利盡南海，東連吳、會，西通巴、蜀，此用武之國，而其主不能守，此殆天所以資將軍，將軍豈有意乎？

益州險塞，沃野千里，天府之土，高祖因之以成帝業。劉璋暗弱，張魯在北，民殷國富而不知存恤，智能之士思得明君。

將軍既帝室之冑，信義著於四海，總攬英雄，思賢若渴，若跨有荊、益，保其岩阻，西和諸戎，南撫夷越，外結好孫權，內修政理，天下有變，則命一上將將荊州之軍以向宛、洛，將軍身率益州之眾出於秦川，百姓孰敢不簞食壺漿以迎將軍者乎？誠如是，則霸業可成，漢室可興矣。

分析問題：

1. 為什麼說「隆中對」符合系統論的思想方法？

2. 諸葛亮在「隆中對」中提出了一個什麼戰略決策？這個決策有幾個實施步驟？

3. 諸葛亮的戰略決策是否得到實現？如未能完全實現，原因是什麼？

第七章
組　　織

一、本章內容指點

　　社會組織在明確使命、制定出其目標和計劃之後，就應將實現目標計劃所必需的業務活動進行分類，設計出職務和崗位，並加以適當組合，建立組織機構，劃分管理層次，明確各層次、機構的職責和權限，以及他們相互間的分工協作關係和信息溝通方式，形成正式的組織結構，並使之正常運行起來。這便是組織職能的工作內容。

　　本章首先介紹組織的概念、組織工作的內容以及組織工作的原則。在原則部分，先簡介西方管理學者提出的原則（聯繫第二章前二節的相關內容來理解）；然后著重介紹中國公有制組織的組織工作原則：民主集中制、責任制、加強紀律性、精簡高效。

　　其次討論組織結構的設計問題，可劃分為三部分。第一部分為組織結構概述，包括組織結構的概念、其設計的影響因素、工作程序、現有組織結構的多種形式、他們各自的優缺點和適用範圍。這些可視為設計組織結構之前應具備的基本知識。第二部分為組織結構設計的具體工作：①科學分工和職務設計；②研究管理幅度，建立管理層次，設計出縱向管理系統；③考慮為各管理層次設置職能機構（或人員），設計出橫向管理系統，縱橫系統相結合，即構成組織結構的整體框架；④規定各層次、機構的職責和職權，這就要討論影響集權分權程度的因素、不同管理業務的常見分權度、授權的原則和藝術等。職責職權既定，即可明確各層次、機構的分工協作關係和信息溝通方式。第三部分為組織結構設計的三種權變理論，介紹不同環境下結構設計的特點，這對實際工作有著重要的指導意義。

　　最后討論組織結構的運行問題。在設計好組織結構以後，必須讓它正常運行起來。為此，需為各層次、機構配備人員，加強對運行過程的領導、控制和協調，這些工作將以以後各章的內容。與此同時，還需繼續處理好組織工作中的幾個關係，即直線與參謀的關係，委員會形式的運用，正式組織與非正式組織的關係等。這裡對這些關係分別作了研究。

二、基本知識勾勒

組織的概念和組織工作的內容
組織工作的原則
組織結構的概念
組織結構設計的影響因素及工作程序
各種組織結構形式及其優缺點和適用範圍
職務設計的要求和科學分工的方法
工作組的適用範圍
管理幅度的概念及其與管理層次的關係
管理幅度的影響因素
設置職能機構的原則
影響集權分權程度的因素和不同管理業務的分權度
授權的原則和藝術
組織設計的權變理論
處理直線與參謀的矛盾的方法
委員會形式的優缺點及其運用
非正式組織的特點和作用

三、學習目的要求

學習本章的目的要求是：

瞭解：組織的概念和組織工作的內容，組織結構的概念及其與組織圖的關係。

理解：影響組織結構設計的因素和設計組織結構的程序，職務設計的要求和科學分工的方法，工作組的適用範圍，各種組織結構形式的優缺點和適用範圍，影響集權分權程度的因素和不同管理業務的分權度，組織設計的權變理論，處理直線與參謀的矛盾的方法，委員會形式的優缺點及其運用，非正式組織的特點和作用。

掌握：組織工作的原則，管理幅度和管理層次的基本原理，設置職能機構的原則，授權的原則和藝術。

運用：聯繫實際分析論證組織工作原則的重要性，就特定組織分析其組織結構形式和優缺點。

四、重點難點解析

(一) 組織的概念和組織工作的內容

理解組織的概念，要分幾個層次：

(1) 區分作為名詞用的組織（組織體）和作為動詞用的組織（組織工作或活動）。組織作為管理的職能，是指組織工作。

(2) 組織職能的內容，各學者理解不一。如法約爾就將用人、激勵等納入組織職能，孔茨等人則不納入。我們讚同孔茨等人的觀點。

(3) 就企業而言，組織職能包括管理組織、生產組織、勞動組織等。我們這裡只研究各類社會組織共通的管理組織。

組織工作的內容一般包括：

(1) 根據既定目標和計劃的要求，將一切必須進行的業務活動進行分類。

(2) 對各類業務活動進行科學分工，設計出工作職務和崗位。

(3) 將職務、崗位適當組合，建立合理的組織機構，包括各個管理層次和部門、單位。

(4) 規定各管理層次、部門、單位的工作職責和相應的職權。

(5) 明確各層次、部門、單位的分工協作和信息溝通關係。

(6) 逐步將上述權責劃分、分工協作和信息溝通關係規範化，形成規章制度並嚴格執行。

(7) 處理好各種關係，使設計的組織結構能順利運行起來。

(8) 當外部環境和內部條件發生巨大變化時，適時地改革組織結構和規章制度，以促使組織持續發展。

(二) 組織工作的原則

先要瞭解西方管理學者（包括法約爾、韋伯、孔茨和權變學派等）提出的原則，同第二章第一、第二節的相關內容聯繫起來。然后著重理解和掌握中國公有制組織的組織工作原則。它們主要是：

(1) 民主集中制。這是工人階級的組織原則，其含義是民主基礎上的集中與集中指導下的民主相結合。運用此原則，要求處理好民主管理與集中指揮（決策的制定和既定決策的實施）、統一領導與分級管理（組織內部上下級之間的分工）的關係。

(2) 責任制。這是貫徹民主集中制、消除無人負責現象所必需的。它既是一條原則，又是一類規章制度。

(3) 加強紀律性。這也是貫徹民主集中制所必需的。社會主義的勞動紀

律是自覺性和強制性相統一的紀律，必須堅持「在紀律面前，人人平等」。

（4）精簡高效。這是建立組織機構的原則。一切組織的機構都必須服從於目標、任務的要求，力求精簡而高效，反對臃腫重疊、人浮於事、效率低下。

(三) 組織結構的概念

為了實現組織的使命、目標和計劃，每個組織（極小、極為簡單的組織除外）都要設置若干管理層次和組織機構，規定他們各自的職責和職權，以及他們相互間的分工協作關係和信息溝通方式。這樣組織起來的上下左右協作配合的框架結構，就稱為組織結構。

組織結構通常用圖形表示，稱為組織圖。組織圖可以形象地反應組織的管理層次、組織機構、機構之間的分工及上下級關係等。但是它不能反應各層次、機構的權責和他們相互間的協作關係及信息溝通方式等。這些就需要用職務說明書和規章制度加以補充說明。

(四) 組織結構設計的影響因素和工作程序

組織結構的設計應遵循組織工作的原則，還需考慮以下的影響因素：

（1）組織的性質和使命；
（2）組織的規模；
（3）組織的生產技術特點；
（4）組織的人員（管理者及其下屬）的素質；
（5）組織的目標和計劃；
（6）組織的戰略；
（7）組織所處的外部環境。

組織結構的設計一般可按下述程序進行：

（1）確定設計的目標和要求；
（2）收集和分析組織內外的信息資料；
（3）按照目標、計劃的任務，將必須進行的業務活動加以確認和分類；
（4）對各類業務活動進行科學分工，設計出眾多的工作職務和崗位；
（5）將職務、崗位適當組合，建立組織機構，形成層次化、部門化結構，繪製組織圖；
（6）規定各層次、機構、職務、崗位的職責和職權，明確他們相互間的分工協作關係和信息溝通方式；
（7）建立組織設計有關的規章制度；
（8）審核、修訂和批准組織結構設計方案，並付諸實施。

將上述組織結構設計的程序同前述組織工作的內容對比，不難看出我們所

說的組織工作的內容就包括組織結構的設計和組織結構的運行及改革。

(五) 職務設計的要求和科學分工的方法

在組織結構設計中，職務設計是重要的一步：①它是組織結構設計的基礎，是設計出層次化、部門化結構的前提；②通過勞動分工，實現各類工作專業化，才能提高工作效率，順利進行業務活動；③為各職務、崗位規定出合理的工作任務和權責，對工作人員有激勵作用。

對職務設計有三條基本要求：

(1) 因事設職而不能因人設職；

(2) 勞動分工要科學；

(3) 編製出完善的職務說明書。

科學的勞動分工，一般採用下述方法：

(1) 按照活動的技術業務內容（包括工作內容、所採用的機器設備和操作方法、所需技術業務熟練程度等）來分工，實現工作專業化；

(2) 按照工作量的大小來分工，分工的粗細程度應能保證員工的工作日負荷比較飽滿；

(3) 按照一個員工單獨擔任工作的可能性來分工，以利於建立責任制和按勞付酬（有些工作需兩個以上員工共同去完成，則屬於例外）。

為了克服分工過細的缺點，還可採用下述方法：

(1) 工作輪換，即讓員工適時地調換工作；

(2) 工作擴大化，即擴大工作範圍，將幾種工作納入一個職務（崗位）中；

(3) 工作豐富化，即加深工作深度，讓員工擔負一些由管理者完成的任務，如計劃和評價他們自己的工作。

(六) 工作組的適用範圍

工作組是在勞動分工時，將為完成某項工作而需密切協作的若干職工組織起來的勞動集體。在下列情況下，應組織工作組：

(1) 某項工作不能由一人單獨進行，而必須由幾個人密切配合，共同進行；

(2) 看管大型的、複雜的機器設備；

(3) 生產前的準備工作、輔助工作必須同基本工作密切協作；

(4) 某些職工無固定的工作地和工作任務，需要臨時分配任務或進行調配；

(5) 為了實行工作豐富化而有意識地組織，賦予一定的自主權，使其能自主管理。

(七) 各種組織結構形式的優缺點和適用範圍

1. 直線制形式

直線制形式的特點是各層次的管理者負責該層次的全部管理工作，沒有參謀機構或人員協助。

優點：人員精干，權責分明，指揮統一，信息溝通簡化，反應快捷。

缺點：對各層次管理者尤其是高層管理者要求很高（無人協助），難免顧此失彼；決策都集中於高層管理者一人，高度集權，風險極大。

適用範圍：極小規模或創業初期的組織。

2. 直線-參謀制形式

直線-參謀制形式的特點是為各層次的管理者配備參謀機構或人員，分擔部分管理工作，但這些機構或人員無權指揮下級管理者和作業人員。

優點：參謀機構或人員可以聘任專家，以彌補管理者之不足，並減輕管理者的負擔，從而克服直線制形式的缺點；這些機構或人員無權指揮下級，這就保證了管理者的統一指揮。

缺點：①只有高層管理者一人對組織目標的實現負責，其參謀機構都只有專業管理的目標；②高層管理者高度集權，難免決策遲緩或失誤，對外部環境的適應能力差；③參謀機構或人員相互間的溝通協調差；④不利於培養高層管理者的后備人才。

適用範圍：一般的大、中型組織。

3. 分部制形式

分部制形式的特點是在高層管理者之下按產品、市場地區或顧客群體設置若干分部（事業部），授予分部處理日常活動的權力，每個分部近似於一個較小的組織，按直線-參謀制形式建立結構；高層管理者則負責制訂整個組織的方針、目標、計劃和戰略，並責成和監督各分部去實施，在他之下仍可設非常精干的參謀機構或人員。

優點：①各分部有處理日常活動的權力，增強了組織對外部環境的適應能力；②利於高層管理者實行「例外原則」管理，集中精力抓大事；③利於培養高層管理者的后備人才。

缺點：①參謀機構重疊，管理人員增多，費用開支大；②各分部之間橫向聯繫和協調難；③如分權不當，易導致分部鬧獨立性，損害組織整體利益。

適用範圍：特大型組織。

4. 混合制形式

混合制形式的特點是多種形式的混合運用，例如既有按產品分設的事業部，又有按市場地區分設的管理部，還有各專業性質的參謀機構。三方面的領導者組成委員會來負責產品的產銷活動，產品事業部不能單獨決策。

優點：將事業部、管理部和參謀機構結合起來，互通信息，化解矛盾，共同決策。

缺點：①事業部、管理部和參謀機構之間的矛盾經常出現，難以決策；②管理人員多，費用大；③對例外情況、緊急情況的反應遲緩。

適用範圍：特大型組織。

5. 矩陣制形式

矩陣制形式的特點是按項目（如中心工作、新產品開發、技術改造、基本建設等）設置臨時性或常設性機構，從有關參謀機構中抽人參加，這些人接受原參謀機構和新設項目機構的雙重領導，相互緊密協作，共同完成好項目任務。

優點：將有關參謀機構的人員組成項目機構，有利於加強溝通協作，完成項目任務。

缺點：參謀機構的人員接受雙重領導，違反了統一指揮原則，又會導致機構間的矛盾。

適用範圍：組織的產品品種增多或出現某種主要工作時，就有必要成立項目機構。

6. 網路制形式

網路制形式的特點是組織僅保留精干的、具有優勢的機構，而將其他的基本活動（如生產、營銷、研究開發等）都分包給附屬組織或獨立組織去完成，長期依靠分包合同與有關各方保持緊密聯繫。

優點：組織具有高度的靈活性和適應性，可集中力量從事自己有優勢的專業化活動。

缺點：某些基本活動外包，必然增加控制上的困難；協調的工作量增大，矛盾不會少。

適用範圍：科技進步快、消費時尚變化快的外部環境。

組織結構形式小結：

（1）上述六種形式都是比較典型的形式，他們中有些可獨立使用（如直線制、直線-參謀制、分部制和混合制），有些則需結合其他形式使用（如矩陣制、網路制）。

（2）上述六種形式各有其優缺點和適用範圍，這就證實了權變學派的觀點，即世界上不存在適用於一切社會組織的組織結構形式。我們在設計組織結構時，必須遵循組織工作的原則，認真考慮影響組織設計的諸因素，具體情況具體分析，選擇比較適合自身特點的形式；在影響因素發生較大變化（如業務增多、規模擴大、戰略改變等）時，及時改變組織結構形式。

（3）無論採用何種組織結構形式，有兩條原則是必須遵循的：①精簡高

效的原則，反對層次過多、機構林立、因人設職、人浮於事等；②揚長避短的原則，要充分發揚該形式的優點，淡化或克服該形式的缺點。

(八) 管理幅度的概念及其與管理層次的關係

在組織結構設計中，首先要考慮建立縱向管理系統，確定管理層次，層次過多或過少都不好。而確定管理層次多少為適當，則同管理幅度問題密切相關。

管理幅度又稱控制幅度，是指一個管理者可能直接管理或指揮的下屬人數。在組織規模一定的情況下，管理層次與管理幅度呈反比關係。即擴大管理幅度可減少管理層次；反之，縮小管理幅度則需增加管理層次。因此，研究管理幅度的大小，就能確定管理層次的多少。

西方管理學者對管理幅度有許多研究，提出了不同的數據。實踐證明，企圖從理論上來論證或從調查中來歸納管理幅度的合理數值，都是非常困難的。較好的辦法是研究影響管理幅度的因素，然後根據實際情況靈活確定其數值，各組織可以不同，同一組織的各層次、各單位也可以不同，然後根據其結果來確定管理層次。

本教材介紹孔茨和奧唐奈的研究成果。

(九) 孔茨和奧唐奈的因素分析

他們提出了影響管理幅度的八個因素：

(1) 領導者個人的能力；
(2) 下屬的素質和能力；
(3) 領導者給下屬授權的明確度和適宜度；
(4) 計劃工作的水平；
(5) 外部環境和內部條件的穩定性；
(6) 控制標準的利用和控制的有效性；
(7) 信息溝通的方法及其效能；
(8) 個別接觸、交換意見的次數。

我們可將上述因素歸納為三類：①人的因素，包括第 1、2 因素。如素質高，能力強，相互關係出現的頻率和所需時間相對就少些，管理幅度可稍大些。②管理工作水平，包括第 3、4、6、7、8 因素。如水平高，管理幅度可以大些。③環境因素，即第 5 因素。如環境較穩定，新的情況和問題不太多，則管理幅度可以大些。

我們認為，孔茨和奧唐奈的因素分析雖不算很全面，但已抓住了主要的因素，有較強的可操作性。遺憾的是，這些因素都只適於定性分析，難以定量化。

(十) 設置職能機構的原則

建立起縱向管理系統之後，還要為各管理層次設置職能機構或人員，建立橫向管理系統。兩個系統相結合，就構成組織結構的整體框架。

職能機構的設置一般採用兩個原則：

(1) 管理業務性質相似性原則。凡是性質相同或相似的管理業務即可歸在一起，設置機構，實行管理業務專業化。例如工業企業就設市場營銷、生產作業、財務會計、勞動人事、研究開發、生活後勤、思想政治工作等管理子系統。

(2) 業務聯繫密切的原則。有些業務涉及面廣，難以明確其性質，則可將它歸入聯繫最為密切的某類業務中。例如工業企業的原材料供應和交通運輸系統，即可據此原則劃歸生產管理子系統。

此外，還應注意以下幾個問題：

(1) 有些業務的範圍廣、工作量大，要分設幾個職能機構。

(2) 有些業務帶有監督、檢查性質（如質量監督、財務控制等），就應單獨設立機構。

(3) 有些業務按其性質是可以分開的，但因特殊原因而不宜分開時，就不要強行劃分。如百貨公司的專櫃主管既負責銷售，又負責採購該專櫃的商品。

(4) 有些業務涉及若干職能機構而非某個機構所能單獨承擔，則可採用委員會形式。

(十一) 影響集權分權程度的因素和不同管理業務的分權度

集權是指將管理權集中在高層管理者手裡，分權則是指將權力更多地分散在各層次管理者手中。絕對的集權是可能的，但僅限於極小的組織；絕對的分權是不可能的，因為最高管理者不掌握任何權力，就不再是最高管理者，也就不存在完整的組織。研究集權與分權，並非簡單地去鑑別其優劣而決定取捨，而是求得二者的正確結合，即確定集權和分權的適宜程度。

影響集權和分權適宜度的因素有四大類：

(1) 組織自身狀況。它包括：組織的歷史狀況，組織規模，組織的部門、行業特點，組織的動態特徵。

(2) 組織的管理特點。它包括：職權的重要程度，方針政策連貫性的要求，控制技術和手段的運用。

(3) 人事因素。它包括：領導人的人性觀，下屬人員的素質和能力。

(4) 組織的外部環境。

還應看到，不同管理業務的集權分權程度是不一樣的：

(1) 生產，只要規模較大，應首先實行分權。
(2) 營銷，同樣需要分權。
(3) 財務，這是需要高度集權而不宜分散的。
(4) 人事，有些權需高度集中，有些則可分散。
(5) 物資採購，一般應當集中。
(6) 運輸服務，明顯的趨勢是集中。

由於因素眾多，確定集權分權的適宜度是一件困難的工作。較好的辦法是在認真分析諸影響因素和管理業務特點的基礎上，開始時分權少一些，以後可根據實際需要逐步擴大，並隨著情況變化適時調整。

（十二）授權的原則和藝術

授權就是上級管理者將自己的部分權力授予下級管理者去行使，達到逐步擴大分權的目的。

授權應遵循下列原則：
(1) 以責定權，權責對等；
(2) 分層次授權；
(3) 統一指揮，但不越級指揮；
(4) 授權不授責，即上級仍應對下級工作成績負領導責任；
(5) 主要權力不能下放；
(6) 授權是動態的，可授可收回。

授權又是一種藝術。要使授權適當，管理者需有正確的態度：
(1) 要信任下級，敢於放手；
(2) 善於聽取下級的意見；
(3) 允許下級犯錯誤，主動承擔責任並幫助其總結經驗教訓；
(4) 建立和利用廣泛的控制，促使下級運用好職權，完成其任務。

（十三）組織設計的權變理論

這裡主要介紹權變學派的三種理論：

(1) 英國學者伯恩斯提出，組織結構可分為兩種類型：機械型和有機型。機械型適用於比較穩定的內外環境；反之，如內外環境複雜多變，則宜採用有機型。

(2) 英國學者伍德沃德提出，按照工業企業的生產技術特點，可分三種類型：①根據訂貨組織單件小批生產；②組織大量、大批生產；③組織連續流水生產。三類企業的技術複雜程度不同，其組織結構也各有特點。據她分析，在技術複雜程度居中的第二類企業中採用機械型結構最有效；而在其餘兩類企業中，則適於採用有機型結構。

（3）美國學者勞倫斯和洛希選擇了外部環境很不相同的三個部門的企業：環境最穩定的包裝容器製造企業，環境穩定程度居中的食品加工企業，環境最不穩定的塑料製品企業。然后分別考察這些企業內部的三個部門：銷售、生產、研究開發。他們首先注意企業內部不同部門在其成員行為和努力方向上是有差別的，而且組織外部環境越不穩定，這些差別就越大。他們建議，一個企業內部各單位可選用不同的組織結構，如研究開發單位可採用有機型，而銷售和生產單位則適於機械型。其次，他們注意內部各單位之間的協調配合，各單位間的差別越大，就越需要強化協調配合。例如外部環境很不穩定的塑料製品企業就應採用更多的協調機制，而環境穩定的包裝容器製造企業在這方面的要求就相對低一些。

（十四）處理直線與參謀的矛盾的方法

在組織結構中，經常劃分直線機構（人員）與參謀機構（人員）。劃分這兩類機構（人員）的標準不是他們在實現組織目標、任務中的作用，而是他們各自行使的職權。主要行使直線職權的稱為直線機構（人員），這類職權由等級制度形成的指揮鏈所帶來，反應上下級之間命令、指揮與服從的關係。主要行使參謀職權的稱為參謀機構（人員），這類職權是具有專業知識、技能和經驗去運籌和建議的權力，反應為直線機構（人員）提供協助和服務的關係。

從理論上來說，參謀是為直線服務的，而且參謀無權直接指揮下級，這保證了直線的統一指揮，不會產生什麼矛盾。但在實際活動中，直線與參謀的矛盾卻經常發生，其主要表現是：直線人員認為參謀人員不瞭解情況，所提建議不切合實際，或認為參謀人員不尊重領導，侵犯了自己的職權；參謀人員則認為直線人員對自己的建議不重視，或嫌自己權力太小而產生怨氣等。

處理直線與參謀的矛盾，需做好下列工作：

（1）進一步明確各自的權責，相互支持，加強協作。

（2）直線人員可授予參謀人員一定的職能職權，即由他們代表直線人員行使直線人員的部分權力，以調動他們的積極性。

（3）為參謀人員的工作提供必要條件，採取一些組織措施。

（4）適時地輪換兩類人員，以增進相互瞭解，減少矛盾，共同搞好工作。

（十五）委員會形式的優、缺點及其運用

委員會是一種集體管理形式，其成員來自有關各方面，主要通過定期地或臨時地召開會議來從事管理活動。委員會又有多種形式。

委員會形式有下列優點：①集思廣益；②促進協作；③代表各方的利益；④避免權力過分集中；⑤利於決定的執行。但如運用不當，它會出現以下缺點：①時間延誤；②妥協折衷；③仍然個人獨裁專制；④集體負責導致無人負

第七章　組織

責，以致委員會的權責分離即有權無責。

要運用好委員會形式，必須注意下列問題：
(1) 審慎使用此形式，要明確其權責；
(2) 合理確定委員會的規模；
(3) 挑選合格的委員會成員；
(4) 注意發揮委員會主席的作用；
(5) 開好委員會的會議；
(6) 考慮委員會的工作效率。

（十六）非正式組織的特點和作用

組織結構的設計和運行，形成了正式組織。在正式組織運行的過程中，常常會出現非正式組織。如第二章第二節所述，非正式組織是人際關係理論的創立者梅奧等人在霍桑試驗中首先發現的，后來的管理學者對它作了許多研究。

非正式組織具有以下特點：
(1) 從形成原因看，它並非為了實現共同目標而有意識地組織起來，而是因人們的共同性格、愛好、交往、感情等逐漸形成的，並無自覺的共同目標。
(2) 從表現形式看，它是無形的組織，無任何成文的表現形式。
(3) 從成員範圍看，它自願結合，人數不定，不受正式組織規定的層次、部門、職務等限制。
(4) 從行為標準看，它不以效率邏輯作標準，也無規章制度等明文規定，而是以感情邏輯作標準，僅有不成文的約定，如有違反，將受到疏遠或排斥。
(5) 從領導人的產生方式看，它的領導人系自然產生的，往往是團體中交往最多、威望最高者。

非正式組織對正式組織能產生下列積極作用：
(1) 它可滿足正式組織成員在社交、受人尊重和自我實現等方面的需要，激勵他們的工作熱情。
(2) 它可增進正式組織成員的團結協作精神。
(3) 它也關心其成員的工作表現，會自覺地給予幫助，對正式組織的培訓起到補充作用。
(4) 它也要維護自己在公眾中的良好形象，往往會幫助正式組織建立正常的活動秩序，糾正其成員違反正式組織紀律的行為。

不過，非正式組織又會對正式組織產生下列消極作用，具體包括：
(1) 當其目標與正式組織的目標不一致時，就會對正式組織產生消極影響，如梅奧等人發現的小團體自定的低於正式組織規定的「日產量定額」。
(2) 其信息溝通一般是秘密的，易於傳播「小道消息」。

（3）它為了加強其成員的團結，就會對非成員加以排斥，這就會影響正式組織所需的團結；如它的領導人行為不端，就容易帶領其成員干壞事。

（4）它經常表現出反對改革、革新的傾向（怕改革或革新會威脅到它的存在），從而對正式組織的發展不利。

鑒於非正式組織對正式組織既有積極作用，又有消極作用，這就要求正式組織的管理者對它採取正確態度，善於引導，以發揮其積極作用而防止其消極作用。

（1）通過做工作，發現已經存在的非正式組織及其領導人。

（2）加強引導，使非正式組織的目標同正式組織的目標一致，為正式組織的目標服務。

（3）當發現非正式組織的行為對正式組織不利時，要用民主的說理的方法去糾正；發現非正式組織成員干壞事時，則應及時制止。

五、練習題匯

（一）單項選擇題

1. 組織的各層次管理者負責行使該層次的全部管理工作，不設職能機構當他們的助手，這樣的組織結構形式稱為（　　　）。

    A. 直線制　　　　　　　　B. 直線-參謀制

    C. 分部制　　　　　　　　D. 矩陣制

2. 管理幅度與管理層次的關係是（　　　）。

    A. 呈正比關係

    B. 呈反比關係

    C. 有時呈正比關係，有時呈反比關係

    D. 二者無多大聯繫

（二）多項選擇題

1. 西方管理學者提出的組織工作的原則主要有（　　　）。

    A. 勞動分工　　　　　　　B. 權責對等

    C. 統一指揮　　　　　　　D. 紀律

    E. 工作方法標準化

2. 委員會形式的優點有（　　　）。

    A. 集思廣益　　　　　　　B. 促進協作

    C. 權責分離　　　　　　　D. 代表多方面的利益

    E. 利於決定的執行

(三) 判斷分析題
1. 在直線-參謀制的組織結構中，參謀機構有權指揮其下級管理者。
2. 在職務設計時，應將因事設職同因人設職結合起來。

(四) 簡答題
1. 試述組織結構的概念及其與組織圖的關係。
2. 何謂授權？授權有哪些原則？

(五) 論述題
1. 試論組織工作的民主集中制原則。
2. 試述設置職能機構的原則。

(六) 案例分析題
案例1：某麵包公司的組織結構改革

某麵包公司成立於1971年；開創時只是一家小麵包作坊，只開設了一間商店；因經營得法，到1980年已陸續開設了另外八間連鎖店，擁有十輛卡車，可將產品送往全市和近郊各工廠，職工達120人。

公司老板唐濟一直隨心所欲地經營著他的企業，他的妻子和三個子女都被任命為高級管理者。他的長子唐文曾經勸他編製組織結構圖，明確公司各部門的權責，使管理更有條理。唐濟却認為，由於沒有組織圖，他才可能機動地分配各部門的任務，這正是他獲得成功的關鍵。正式的組織圖會限制他的經營方式，使他不能適應環境和員工能力的變化。后來在1983年，唐文還是背著父親按現實情況繪出一張組織結構圖（見圖7-1），感到很不合理。

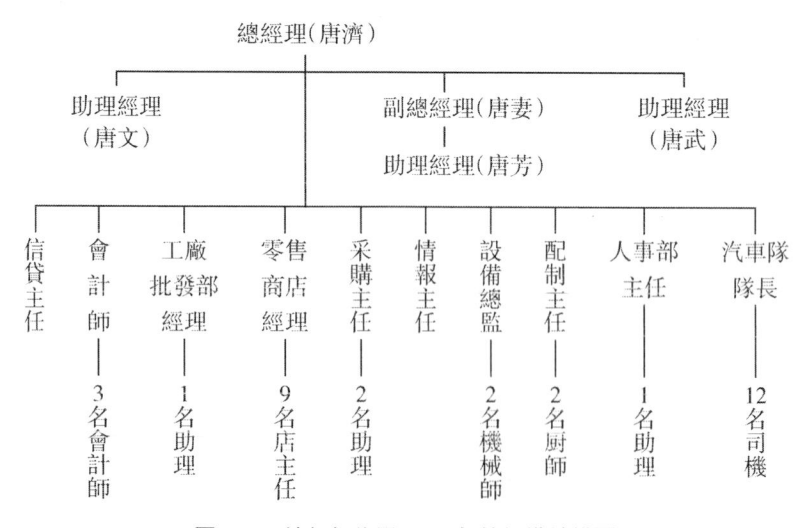

```
                        總經理(唐濟)
        ┌───────────────────┼───────────────────┐
     助理經理            副總經理(唐妻)         助理經理
     (唐文)                   │                 (唐武)
                          助理經理(唐芳)
   ┌──┬──┬──┬──┬──┬──┬──┬──┬──┐
  信 會 工 零 采 情 設 配 人 汽
  貸 計 廠 售 購 報 備 制 事 車
  主 師 批 商 主 主 總 主 部 隊
  任   發 店 任 任 監 任 主 隊
       部 經             任 長
       經 理
       理
   3  1  1  9  2  2  2  2  1  12
   名 名 名 名 名 名 名 名 名 名
   信 會 助 店 助 助 機 廚 助 司
   貸 計 理 主 理 理 械 師 理 機
      師    任       師
```

圖7-1　某麵包公司1983年的組織結構圖

1985年，唐濟突然去世，家人協商由剛從大學畢業的唐文繼任總經理。唐文上任后首先想到的是改革公司的組織結構，他經過反覆思考，設計出另一張組織結構圖（見圖7-2），認為這一改革有許多好處，對公司發展有利。后來他又考慮到，如將家庭成員調離重要職位，可能使他們不滿（儘管他瞭解，公司職工對其父親原來的安排都有些怨言）。於是他準備逐步實施這項改革，爭取用一年左右的時間去完成它。

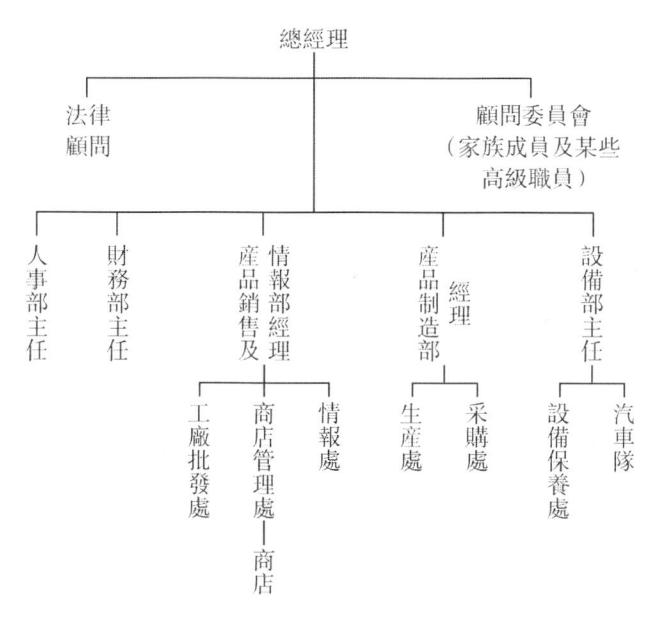

圖7-2　某麵包公司1985年的組織結構圖

分析問題：

1. 麵包公司1983年的組織結構圖的特點是什麼？它有哪些優點和不足？

2. 1985年設計的組織結構圖的特點是什麼？它有哪些優點和不足（注意與1983年的組織圖對比）？

3. 唐文改革組織結構可能遇到什麼問題？他應當如何分步驟地予以實施？

案例2：某電子產品公司的組織問題

某電子產品公司下屬的工廠開工不久，就遇到了廢品率高、設備停工率高、曠工率高、人工成本高等問題。公司早已設計正式的組織圖，按要求配齊員工，並對員工進行了必要的培訓。廠長將出現的問題歸咎於人事部主任，說他的培訓效果很不理想。

人事部主任承認培訓工作有缺陷，但接著說，工廠剛開工，許多人事關係尚未理順，有了正式的組織圖並不能保證職工一定就有正確的行為。他建議採用徵詢意見表來瞭解員工對組織結構中各種關係的理解程度。

第七章　組　織

廠長同意人事部主任的意見。全廠600名員工都利用上班時間回答了徵詢意見表中的問題。人事部整理了答案，準備了一份摘要供討論。摘要中的部分要點如下：

（1）非管理人員中，有35%的人說，他們對每天的任務經常感到不明確；有20%的人說，他們往往很難從管理人員處獲得工作所需要的信息；有40%的人認為，嚴格執行某些規章制度反而會妨礙正當的行為。

（2）管理人員中，有30%的人說，他們沒有與職責相稱的權限；有20%的人說，他們所在單位同有關單位之間缺乏足夠的聯繫；有20%的人認為，很難通過計劃達到工作上的協調。

廠長看了摘要后說：「這是怎麼回事？我們規定了清楚的組織結構，制定了各種政策和程序。唯一的解釋是，沒有把這些告訴員工。」

分析問題：

1. 如你是人事部主任，你對員工的反應將做出什麼解釋？廠長的解釋是否正確？
2. 有了組織結構圖，是否就能保證有良好的組織結構？
3. 你準備採取何種措施來解決這個廠組織結構中的問題？

第八章
人　事

一、本章內容指點

　　人事（或稱用人）職能是指組織在確定了目標、計劃和設計好組織結構之后，為各層次、機構、職務、崗位選配適當的人員，使他們能各展所長，共同努力，完成組織的目標任務，同時注意培養他們，不斷提高他們的素質。因此，人事職能就包括組織所需人員的計劃、識別選拔、招聘錄用、使用安排、業績考核、報酬支付、培訓提高等工作。現代人事管理常被稱為人力資源的開發與管理，突出人力資源的特殊重要地位。

　　本章首先說明人力資源開發與管理的概念、任務和重要意義，然后依次討論人員的識別選拔、招聘錄用、使用安排、業績考核等問題。在招聘錄用部分，專門對從組織內部或外部招聘管理人員的利弊進行比較。在各個工作環節，都注意了介紹中國總結的經驗教訓。

　　其次，討論人員的報酬支付問題。先介紹中國人員報酬理論與實踐的發展歷程，再依次介紹中國的基本工資制度、工資形式、社會保險和員工福利。隨著中國社會經濟的發展和綜合國力的提升，各行各業的員工收入都在逐步提高。

　　最后，討論人員的培養問題，包括其重大意義、具體目標和方式方法。這裡突出了中國讓員工在實際工作中鍛煉提高的幾種行之有效的方式。將使用人和培養人結合起來，既是重要原則，又是成功經驗。

二、基本知識勾勒

　　人力資源開發與管理的概念和任務
　　人力資源開發與管理的重大意義
　　識別和選拔人才的標準和要求
　　人員招收的程序
　　從組織內外挑選管理人員的比較分析

人員使用的原則和要求
人員考評的內容和方法
中國人員報酬理論和實踐的發展
中國各類組織實行的工資制度
中國的社會保險和員工福利
人員培養的意義
人員培養的目標和方式

三、學習目的要求

學習本章的目的要求是：

瞭解：人力資源開發與管理的意義，人員招收的程序，人員考評的內容和方法，中國各類組織實行的工資制度，中國的社會保險和員工福利，人員培養的意義。

理解：從組織內外挑選管理人員的比較，中國人員報酬理論和實踐的發展過程，人員培養的目標和方式。

掌握：中國識別和選拔人才的標準和要求，人員使用的原則和要求。

運用：聯繫實際說明人力資源開發與管理的重大意義；聯繫現實闡明「在分配上以按勞分配為主體、其他分配方式為補充」和「效率優先、兼顧公平」的原則。

四、重點難點解析

（一）人力資源開發與管理的概念和任務

人力資源是一切組織最寶貴的資源，其他資源如物力、財力、技術、信息等，都需要人力資源去加以組合和利用，方能發揮作用。人力資源開發與管理是指在兼顧國家、組織和勞動者個人三方面利益的基礎上，採取措施，獲取組織所需的人力資源，提高人力資源素質，調整人力資源結構，改善人力資源的組織與管理，以促進組織取得盡可能好的效益，實現組織的使命、目標和計劃。

人力資源開發與管理的主要任務是：滿足組織對人員的需要，充分調動人員的積極性，不斷提高人員的素質，努力提高組織的勞動效率和效益。

（二）人力資源開發與管理的意義

國內外管理領域歷來均重視人力資源的開發與管理問題。在中國現階段，

人力資源的開發與管理具有重大的意義：

（1）它是發揮人力資源作用、消除人力資源浪費、降低人力資源使用成本的需要。

（2）它是提高各類組織勞動效率、促進中國現代化建設的需要。

（3）它是在激烈的國內外市場競爭中贏得競爭優勢、戰勝競爭對手的需要。

（三）識別和選拔人才的標準和要求

中國識別和選拔人才的基本標準是德才兼備，在德與才的關係上是「以德帥才」。現在中國對幹部的要求是「革命化、年輕化、知識化、專業化」，培養接班人的要求是「有理想、有道德、有文化、有紀律」。這些就體現了德才兼備的具體內容。

在識別和選拔人才的實踐中，還有以下的要求：

（1）要有超乎尋常的見識和膽略，切忌拘泥於陳規陋習；

（2）要考慮人才成長和發展的規律，切忌貽誤時機；

（3）要創造公開、平等的競爭環境，讓人才脫穎而出，切忌任人唯親。

（四）人員招收的程序

（1）根據工作需要，結合當時當地人力資源狀況，確定招收人員的條件。

（2）選擇確定招收方式，可以從廣告招聘、勞動仲介機構介紹、組織內部選拔三種方式中選擇。

（3）確定招收方式後組織實施，這又分為若干步驟。以廣告招聘為例，其步驟有：①開展人員招聘的廣告宣傳；②初步篩選應聘者，通知合格者準備考核；③要求初選合格者填寫求職申請表；④進行筆試、面試考核；⑤對考核合格者進行短期試用；⑥對試用合格者正式錄用，簽訂勞動合同。

（五）從組織內外挑選管理人員的比較分析

這是一個存在爭議、值得研究的問題。

從內部挑選有幾個優點：①給員工帶來有被挑選為管理者的希望，有利於激勵他們安心長期供職，穩定員工隊伍；②被挑選出的管理人員熟悉組織情況，工作起來比較順手；③挑選的費用較小，職位轉換較易，要求待遇不會太高。但它也會遇到一些問題：①從專業管理人員中挑選綜合管理者，往往比較困難；②易導致「近親繁殖」，被挑選者習慣於按陳規辦事，對新鮮事物缺乏敏感性；③一人被選中，可能引起相關人員失望，為安撫他人，難免犧牲原則去換取團結。

從外部招聘的優缺點正好相反。其優點是：①選擇範圍廣，餘地大，利於發現優秀人才；②外來者能給組織帶來新經驗，注入新活力，利於克服「近

親繁殖」的弊端；③外來者不受組織原有人事網的束縛，易於放開手腳，開拓創新。但它也有缺點：①對組織原有成員的積極性會產生一些消極影響；②外來者要花費較長時間來熟悉組織及其成員的業務活動；③挑選費用較大，要求的待遇會較高。

從組織內部和外部挑選管理人員各有利弊，我們不能絕對地下結論，而應具體情況具體分析，關鍵是按組織的需要挑選出最適合的管理人員。可以先從組織內部考慮，如已有適當人選，自然無須從外部招聘；反之，如無適當人選，則只能從外部招聘。

無論從內部或外部挑選，都必須注意兩點：①必須引入公開、公平、公正的競爭機制，從比較中選優；②要趨利除弊，揚該種挑選方式之長處而避其短處。

(六) 人員使用的原則和要求

人員的使用應堅持以下原則：
(1) 知人善任，用人所長。
(2) 量才使用，職能相當。
(3) 信任放手，指導幫助。
(4) 結構協調，整體高效。
(5) 合理流動，動態管理。

人員的使用還有以下要求：
(1) 敢於重用有主見、有創見的人。
(2) 敢於使用有小缺點的人。
(3) 敢於使用比自己能力更強的人。

(七) 人員考評的內容和方法

人員考評的內容包括下列相互聯繫的幾個方面：
(1) 德：指政治立場、理想信念、道德操守、工作作風等；
(2) 能：指掌握業務技能和從事工作的能力；
(3) 勤：指工作中的積極性、主動性、紀律性和責任心等；
(4) 績：指工作成績、貢獻成果等。這應當是考評的重點內容。

人員考評的方法有多種：自我考評、同級考評、上級對下級的考評、下級對上級的考評、專家考評、組織考評。

完善考評工作，應當注意：①明確考評標準；②建立健全考評反饋（給考評對象）的制度；③注重對考評結果的應用，作為獎懲、升降等的依據。

(八) 中國人員報酬理論和實踐的發展

中國人員報酬的理論和實踐大體經歷了以下幾個發展階段：

1. 第一階段（1949—1978年）

在此階段，中國在人員報酬的理論中一直堅持各盡所能、按勞分配的社會主義分配原則，並視為人員報酬的唯一分配原則。從20世紀50年代中期起，中國建立起一套全國統一的、高度集中的職工工資分配體制，將工資分配權集中在國家手中。

2. 第二階段（1979—1986年）

從1979年起，中國開始經濟體制改革，對國有企業逐步下放經營自主權。1985年年初，國家在國有大中型企業中開始推行企業工資總額同經濟效益掛勾、按比例浮動的辦法。按此辦法，企業的工資總額由國家按其經營好壞、效益高低分配給企業（第一級分配），再由企業根據按勞分配原則分配其職工的工資（第二級分配），企業有了較充分的工資分配權。這樣，按勞分配就由過去的一級分配（即由國家直接分配給職工）變為兩級分配，這是中國人員報酬理論的一次重大發展。

3. 第三階段（1987—1992年）

1987年10月，我黨提出了中國正處於社會主義初級階段的理論。在此階段，在所有制上要以公有制為主體，多種經濟成分並存；在分配上要以按勞分配為主體，其他分配方式（如按勞動力價值分配、按資分配等）為補充。這樣，在人員報酬理論中，按勞分配就不是唯一的分配原則了。與此同時，還提出了「在促進效率提高的前提下體現社會公平」，即效率優先、兼顧公平的原則。

4. 第四階段（1993—2001年）

1992年10月，我黨提出了建立社會主義市場經濟體制的目標。1993年11月，黨的十四屆三中全會重申了「個人收入分配要堅持以按勞分配為主體、多種分配方式並存的制度，體現效率優先、兼顧公平的原則」，還要求建立適應企業、事業單位和行政機關各自特點的工資制度和正常的工資增長機制，國有企業在一定條件下可以自主決定工資水平和內部分配方式。這就是在社會主義市場經濟體制下貫徹按勞分配原則，又從「兩級分配」過渡到「市場機制決定、企業自主分配、國家宏觀調控」。

5. 第五階段（2002—2005年）

2002年11月，黨的十六大明確提出「確立勞動、資本、技術和管理等生產要素按貢獻參與分配的原則，完善按勞分配為主體、多種分配方式並存的分配制度」，並對效率優先、兼顧公平的原則做出了較詳盡的闡述，初次分配應注重效率，再分配注重公平。

6. 第六階段（2005年至今）

2005年10月，黨的十六屆五中全會通過的關於第十一個五年規劃的建議中，強調落實科學發展觀、建設社會主義和諧社會，要求更加注重社會公平，

特別是就業機會和分配過程的公平。2007年10月，黨的十七大提出，要深化收入分配制度改革，增加城鄉居民收入；初次分配和再分配都要處理好效率與公平的關係，再分配更加注重公平。

2013年11月，黨的十八屆三中全會通過了《中共中央關於全面深化改革若干重大問題的決定》，提出應形成合理有序的分配格局，努力縮小收入差距等。

（九）中國各類組織實行的工資制度

中國各類組織實行的工資制度很多，可分為以下四大類：

（1）基本工資制度。這是職工定級調級、計算標準工資、加班工資和退休金的基礎，主要考慮勞動的質量差別。其中包括等級工資制、崗位工資制、浮動工資制、結構工資制、崗位（職務）技能工資制等。

（2）工資形式。這是計量勞動並據以支付工資的方式，主要考慮勞動的數量差別。其中包括計時工資、計件工資、獎金、津貼等。

（3）配套制度。如技術等級標準、任職條件、定級調級制度等。

（4）特殊情況下的工資制度。如病假、產假、離職學習期間等的工資支付制度。

（十）中國的社會保險和員工福利

社會保險是組織的員工在生育、年老、患病、傷殘和失業時，根據國家有關規定所獲得的物質保障。它同工資、獎金一樣，都屬於職工物質利益的內容，但其性質不同，不是勞動的報酬，而是在暫時或永久喪失勞動能力以及失業時按照國家規定所享受的物質幫助；它所依據的原則也不是按勞分配，而是社會主義物質保障原則，保障員工在特定情況下的基本生活需要。

中國現已建立的社會保險包括以下項目：

（1）養老保險。這是為年老退休員工提供保障。

（2）失業保險。這是為臨時失去工作、等待重新就業的員工提供物質幫助。

（3）醫療保險。這是為患病員工提供醫療服務和物質幫助。

（4）傷殘保險。這是為受傷或致殘的員工提供物質幫助。

（5）生育保險。這是為女職工生育子女而暫時失去勞動能力時提供物質幫助。

員工福利，從宏觀上講，是指國家、社會興辦的文化、教育、醫療衛生等事業，各種生活補貼等；從微觀上講，是指各社會組織自行舉辦的集體福利設施（包括員工食堂、集體宿舍、幼兒園、浴室、衛生所、圖書室、俱樂部、體育場所等）和提供的生活補助等。中國各類社會組織都很重視員工福利。

過去的問題是在「低工資、高福利」的思想指導下，集體福利事業規模過大，如「企業辦社會」，使企業負擔過重，這個問題現已逐步解決。

（十一）人員培養的意義

（1）由於組織的發展，員工隊伍需要不斷更新和擴充。對新進入者需要培養，使他們瞭解組織的使命、文化、方針、目標、生產經營業務特點等，還必須培訓其知識和技能，經嚴格考核合格者，方能上崗。

（2）對於組織現有各類人員仍然需要培養，這或者由於科技進步，他們的知識和技能已陳舊老化，需要更新；或者由於組織開展新業務，採用新技術，他們現有知識和技能已不能適應；或者由於準備調換其崗位，晉升其職務，對他們的知識和技能提出了新的更高的要求。

（3）工商企業處於激烈的市場競爭環境中，人員培養是提高企業競爭能力的重要途徑，許多企業將人才看成「第一資本」，將培養人才的投入看成「最合算的投資」。

（4）人員培養不僅是組織的需要，而且是人員自我成長的需要。每個員工都有學習新知識、掌握新技能、為組織多做貢獻、提高自身價值的自覺要求。

（十二）人員培養的目標和方式

人員培養的目標就是提高人員的素質，包括思想道德素質和知識能力素質。具體目標有：

（1）幫助員工認識組織；

（2）幫助員工認同組織文化；

（3）補充員工所需的知識；

（4）發展員工應具備的能力。

人員培養的方式大體可分為兩類：

（1）興辦職工教育，如技校、培訓班等；

（2）在實際工作中鍛煉提高，包括工作輪換、「壓擔子」、設置「助理」職務、設置「代理」職務等。

五、練習題匯

（一）單項選擇題

1. 中國識別和選拔人才的基本標準是（　　　）。

　　A. 德才兼備　　　　　　　B. 年富力強

　　C. 服從領導　　　　　　　D. 德、能、勤、績

2. 計時工資制是一種（　　　）。

    A. 基本工資制度   B. 工資形式
    C. 配套制度   D. 特殊情況下的工資制度

(二) 多項選擇題

1. 人力資源開發與管理的主要任務是（　　　）。
    A. 滿足組織對人員的需要   B. 充分調動人員的積極性
    C. 不斷提高人員的素質   D. 提高組織的勞動效率和效益
    E. 保障客戶的合法權益

2. 中國現已建立的社會保險包括（　　　）。
    A. 養老保險   B. 失業保險
    C. 生育保險   D. 醫療保險
    E. 傷殘保險

(三) 判斷分析題

1. 人員考評的內容包括德、能、勤、績四個方面，其中，績屬於考評的重點內容。

2. 「各盡所能、按勞分配」是中國現階段唯一的分配原則。

(四) 簡答題

1. 試述人員招收的程序。
2. 人員培養的方式有哪些？

(五) 論述題

1. 組織選拔管理人員是從內部提升好，還是從外部招聘好？
2. 試論人員使用的原則和要求。

(六) 案例分析題

案例1：晉升被否決了

    王森在環球摩托車公司總部的客戶服務部工作，他的任務是接受客戶的維修投訴並通知那些在各地經銷商現場工作的服務工程師們去處理。有一次，他得知有一位現場工程師的職位出缺。

    作為第一步，王森去見他的頂頭上司張平，要求能被聘任為現場工程師。張平拒絕了他的要求，說「稍緩再議」。后來，張平出差了，王森就去找李淑敏。她是國際經營服務部的經理，不但是張平的上級，而且負責管理現場工程師。經過交談，李淑敏認為王森已經具備現場工程師職位所需的條件，傾向於從公司內部提升這位年輕人。她承諾在張平回到公司后就跟他談。

    一週之后，張平將王森叫到辦公室並告知他：「我聽說在我出差期間，你去找過李淑敏談現場工程師職位的事。我不能讓你獲得這一職位。我們剛好決

定建設一個計算機化的投訴處理系統，我需要你，因為你是我七個下屬中這方面經驗最為豐富的一個。」王森震驚了。難道因為他是群體中的最佳人選，其晉升就應當被否決？兩週后，現場工程師由公司經過外部招聘選拔到，王森不知道自己下一步該怎麼辦。

分析問題：
1. 你如何看待這家公司的人員晉升政策和張平的管理風格？
2. 假如你是王森，你將怎麼辦？

案例2：人員的使用問題

何誼是某公司一個經營業績出色的事業部的經理助理，后來被選拔擔任另一個事業部的經理。他從一開始就遇到困難：不熟悉應向執行副總裁呈報的信息資料，不易同新的下屬交流，甚至不真正瞭解自己所處的困境。不到一年，他不再擔任經理了。

過去選拔他任經理的那位領導人就在思考自己怎樣會犯這一錯誤。他認真分析了情況，得出結論：何誼只是一位經理助理，未曾被培養去經營一個事業部。他當時的上司簡單地把他當作參謀人員使用，完全排除在事業部營運之外。這位助理確實被眾人「看好」，但其僅僅反應事業部的經營業績出色。

分析問題：
1. 你如何看待這家公司的人員使用和培養的政策？
2. 你是否認為選拔何誼確實是一個錯誤？如何看待和應對何誼從一開始就遇到的困難？

第九章
領　導

一、本章內容指點

　　管理者在制定好目標計劃、組織好機構、安排好人員之後，需要對其下屬人員進行指導、指揮、教育、激勵，施加影響力，推動組織的業務活動按照目標、計劃的要求順利進行，實現組織的使命和任務。管理者這時的管理活動就是在行使領導職能。管理者要行使領導職能，所以常被稱為領導者。

　　本章首先介紹領導職能的含義和作用，接著討論三個方面的問題。

　　第一方面是領導者的素質，包括個人素質和群體素質。中國用人的標準是「德才兼備」、幹部「四化」。因此，無論是領導者個人或群體，其素質要求都包含五個方面：政治思想素質、業務知識素質、工作能力素質、氣質修養素質和身體健康素質。研究領導者群體的素質，即常說的領導班子結構優化問題，就是要按照素質互補、合理搭配的原則來選配班子成員。

　　不同的行業組織，不同的管理層次，不同的工作職務，對管理者素質的要求是有差別的，所以應當具體情況具體分析，將素質要求進一步具體化。

　　第二方面是領導方法和領導藝術。我們著重介紹了中國的基本領導方法（群眾路線）和十種具體領導方法，以及中國的領導藝術。這些都是在長期實踐中形成、經過檢驗、行之有效的寶貴財富，應當繼承和發揚。此外，也介紹了西方有關領導方式的主要理論，供參考借鑑。

　　第三方面是員工的激勵問題。激勵首先同對人性的認識有關，所以先介紹中國和西方的人性理論，它們之間有共通之處。接著介紹西方的激勵理論（包括幾種激勵內容理論和激勵過程理論），它們對中國都有極大的參考價值。最后介紹中國的激勵方式和原則。

　　本章的一個突出特點是「中國化」的程度比較高，以我為主，也引進了西方的有關理論供參考選用。

二、基本知識勾勒

領導的含義和作用
對領導者個人素質的要求
對領導者群體素質的要求
中國的基本領導方法
中國的具體領導方法
西方有關領導方式的理論
中國的領導藝術的內容
員工激勵的意義
人性理論
西方的激勵理論
中國的激勵方式和原則

三、學習目的要求

學習本章的目的要求是：

瞭解：領導的含義和作用，對領導者個人和群體的素質和要求，對員工的激勵的意義。

理解：領導班子結構的優化問題，西方有關領導方式的理論，領導藝術的內容，人性理論，西方的激勵理論。

掌握：中國的基本領導方法和具體領導方法，中國的激勵方式和原則。

運用：舉出實例來說明群眾路線、「解剖麻雀」「彈鋼琴」等領導方法的運用；聯繫實際來闡述一些領導藝術（如以身作則、嚴於律己、寬以待人、兼聽則明、偏信則暗等）的重要意義；聯繫實際來論證物質激勵與精神激勵相結合的原則。

四、重點難點解析

（一）領導的含義和作用

領導是一個多義詞，可等同於指導、指揮、統率、管理等。我們在這裡把它理解為管理的一項重要職能，是指管理者對其下屬人員進行指導、指揮、教育、激勵，施加影響，以統一員工意志，調動員工積極性，實現組織使命和目標的一種管理活動或行為。

領導職能的作用表現在下述幾方面：

（1）員工對如何履行職責、執行職權、實現組織的目標和計劃，對於一些新情況和新問題應如何處理，是需要管理者的引導、指導的。

（2）管理者認為必要時，可向其下屬下達命令或指示，指揮他們的行動，這是為了統一意志、統一行動而賦予管理者的職權之一。在這方面，中國總結的經驗是：管理者可以越級檢查其下屬的工作，但不可越級指揮；其下屬可以越級向他反應情況，但不可越級請示工作。

（3）員工既需完成組織的目標，又有他們自己的目標和需要。這就要求管理者做好教育和激勵工作，把他們的精力引向組織目標，又盡可能滿足他們的合理需要，以充分調動他們的主動性和積極性，使其自覺地為組織做貢獻。

（二）對領導者個人素質的要求

領導者的素質是指他所具有的在領導活動中經常起作用的基本條件或內在因素。它具有后天性（反對「天賦論」）、綜合性、相對性、層次性等特點。

中國用人的標準是「德才兼備」、幹部「四化」。因此，對領導者個人素質的要求包括下列五個方面的素質：

（1）政治思想素質。這是指在政治立場、政治方向、政治品德、思想作風等方面應具備的素質，具體包括理論素質、紀律素質、民主法制素質等。

（2）業務知識素質。這一般應包括自然科學、社會科學的基礎知識和本行業的專業知識。領導者的知識最好具有「T」型結構，即在「專」的基礎上向「博」的方向發展。

（3）工作能力素質。這包括邏輯思維、預測決策、組織指揮、選才用人、協調控制、開拓創新、靈活應變、社會交往、語言表達、管理自己時間等方面的能力。

（4）氣質修養素質。心理學家將人的典型氣質分為膽汁質、多血質、粘液質、抑鬱質四種。領導者應不斷提高自身的氣質修養，發揚氣質的積極面而克服其消極面。

（5）身體健康素質。領導者不但要身體健康，精力充沛，而且要思路敏捷，判斷迅速，記憶良好。

上述要求對不同行業組織、不同管理層次、不同工作職務的領導者是有所不同的，所以還要具體情況具體分析。

（三）對領導者群體素質的要求

現代組織通常不是由一個領導者，而是由一個領導群體即領導班子來領導的。所以不僅要重視領導者個人的素質，還要重視領導者群體的素質，這就是領導班子結構的優化問題。所謂領導班子結構，就是班子成員在各種素質方面

的組合情況；所謂班子結構優化，就是要按照素質互補、合理搭配的原則，選配班子成員，做到「整體大於部分之和」，即班子的效能大於每個成員才能的簡單總和。

對領導者群體素質的要求仍然是「德才兼備」、幹部「四化」。具體包括下述五個方面：

（1）良好的精神動力結構。對主要領導者的政治思想素質要求特別高，通過他的表率作用去引導班子其他成員的行動，形成合力。

（2）複合的業務知識結構。應將具有不同專業知識的人才組合起來，實現知識互補。

（3）疊加的工作能力結構。應將具有各種能力特長的成員組合起來，實現能力互補。

（4）協調的氣質修養結構。應將具有不同氣質修養的成員組合在一起，實現氣質互補。

（5）梯形的年齡結構。應當是老、中、青相結合，中、青年的比例大些。這樣可以發揮不同年齡的成員的特點，取長補短，還有利於新老幹部交替，保持班子的連續性和穩定性。

（四）中國的基本領導方法

群眾路線是中國創造的普遍適用於各項工作的基本的領導方法，毛澤東對此有深刻的分析論述。

群眾路線就是從群眾中來，到群眾中去；也就是深入群眾，將群眾中分散的無系統的意見集中起來，化為集中的系統的意見，又到群眾中去作宣傳解釋，化為群眾的意見，使群眾堅持下去，見之於行動，並在群眾行動中考驗這些意見是否正確。然后再從群眾中集中起來，再到群眾中堅持下去，如此無限循環。

群眾路線包含了兩方面的內涵：①一般和個別相結合。這是指既有一般的普遍的號召，又要選擇少數單位具體地將所號召的工作深入實施，借以取得經驗，指導其他單位。②領導和群眾相結合。這是指必須形成一個以主要負責人為核心的領導骨幹，並使他們同廣大群眾密切結合起來。

（五）中國的具體領導方法

在基本領導方法指導下，中國又創造了一些具體的領導方法。主要有下列幾種：

（1）開調查會。這是常用的調查研究方法。

（2）典型調查或「解剖麻雀」。根據辯證唯物論「任何事物都存在普遍性和特殊性」的原理，選擇典型事物進行調研，求得對普遍情況的瞭解。

(3) 抓中心工作和「彈鋼琴」。中心工作就是當時當地的主要矛盾。對中心工作，必須集中力量，精心指導，一抓到底，抓出成效。但又不能「單打一」，既要抓住重點，又要照顧一般。

(4) 要「抓緊」。這就是抓落實，包括思想落實、組織落實和工作落實。

(5) 留有余地。領導者在提任務、訂計劃時，不能「滿打滿算」，而必須適當留有余地，以適應客觀環境變化，彌補人們的主觀失誤，還要求在資源的分配使用上留有必要的后備。

(6) 抓兩頭，帶中間。這是從事物發展不平衡引出的領導方法。任何群體總有先進、中間、后進之分，而且總是「兩頭小，中間大」。因此，要著重抓兩頭，以帶動中間，效果比平均使用力量更好。

(7) 說服教育，典型示範。這是從群眾觀點引出的領導方法。對群眾做工作，必須用民主的說服教育的方法，不能強迫命令；還要善於發現典型，以實際的榜樣示範帶動。

(8) 三結合。20世紀50年代后期，中國企業為解決生產技術（管理）難題，創造了領導幹部、技術（管理）人員和工人代表三結合；現已廣泛推廣，還發展為領導機關、企業、科研單位（高校）的三結合。

(9) 關心群眾生活，照顧群眾切身利益。這是一個領導原則，又是領導方法。

(10) 發揮領導班子作用。毛澤東總結的黨委會的工作方法，對行政領導班子也適用。

(六) 西方有關領導方式的理論

最具代表性的理論有如下幾種：

(1) 連續流理論。坦南鮑姆和施密特二人提出了七種領導方式，由領導者根據自身的因素、職工因素和環境因素來選擇採用。這實際上是權變理論的運用。

(2) 利克特模式（又稱密歇根研究）。利克特列舉出四種領導方式，他極力推崇其中的「參與式的民主領導」，強調管理要以人（職工）為中心。

(3) 俄亥俄四分圖（又稱俄亥俄州立大學模式）。史托格迪爾和沙特爾兩位教授發現領導行為可分為工作行為（高度關注工作）和關係行為（高度關注與下屬的關係），強調領導者要善於加以調節。

(4) 管理方格圖。它是布萊克和穆頓在俄亥俄四分圖的基礎上發展而成的。他們將「關心生產」和「關心人」兩因素各分9級，得出81種領導方式，並認為只有高度關心生產又高度關心人的那種方式最為理想。

(5) 領導壽命週期理論。這是以俄亥俄四分圖為基礎，加上被領導者的「成熟度」來選擇的領導方式。隨著員工為不成熟—初步成熟—比較成熟—成

熟,領導方式也就為命令式—說服式—參與式—授權式。這同人的壽命週期相似。

(6) 權變領導模式。菲德勒同樣選擇「關心人」和「關心生產」兩種領導方式,但不認為應將二者適當結合,而應同環境狀況緊密結合加以選擇。經他分析,在環境對領導者是否有利處於中間狀態時,「關心人」的領導方式較好;在對領導者非常有利或非常不利的環境中,則「關心生產」的領導方式較好。

(7) 途徑-目標理論。羅伯特·豪斯將領導方式分為指導型、參與型、支持型、成就導向型四種,要求按照環境因素、下屬素質因素來加以選擇。所以這也是一種權變理論。

(七) 中國的領導藝術的內容

領導藝術是領導者在領導活動中表現出來的工作技巧。它具有經驗性、靈活性、多樣性、實踐性、技巧性、創造性等特徵。領導藝術很難概括,我們這裡將它概括為待人的藝術、辦事的藝術、管理時間的藝術三大類。

在待人的藝術中,列舉了待人要公正坦誠,以身作則、為人表率,嚴於律己,寬以待人,兼聽則明、偏信則暗,和為貴,團結就是力量,尊重下屬,動之以情,曉之以理,表揚有方,批評得法,要善於做思想工作等。

在辦事的藝術中,列舉了抓大事、顧全局、貴實幹、戒空談,盡力排除干擾,知難而進,居安思危,開好會議等。

在管理時間的藝術中,列舉了有效安排時間計劃,當日工作當日做,充分利用時間,盡量避免「無效功」等。

(八) 員工激勵的意義

激勵的目的在於發揮人的潛能。它包含激發動機、鼓勵行為、形成動力的意義。工作績效取決於人的能力和激勵水平,每個領導者都應重視對員工的激勵。

(九) 人性理論

在中國有三種人性理論:①以孔子、孟子為代表的「人性善」論;②以荀子為代表的「人性惡」論;③以漢代揚雄為代表的「人之性也善惡混,修其善則為善人,修其惡則為惡人」論。

西方的人性理論主要有:

1. 麥格雷戈的「X 理論」和「Y 理論」

麥格雷戈認為,自泰羅以來的管理理論對人性的假設可叫作「X 理論」。其要點是:人的天性好逸惡勞,逃避工作;缺乏進取心,怕負責任,寧願受人領導;以自我為中心,對組織的需要漠不關心,而自身的安全需要高於一切。

因此，這些管理理論或主張用嚴格、強硬的辦法，或主張用松弛、溫和的辦法，都不能有效地調動員工的積極性。

他認為正確的人性觀可稱為「Y理論」。其要點是：人並非天生厭惡工作，只要工作環境良好，人們工作起來就像游戲和休息一樣自然；人能主動承擔責任，能實行自我管理；人具有豐富的想像力和創造力，如把獎勵同實現組織目標聯繫起來，即可充分發揮其智力潛能。按照「Y理論」，麥格雷戈提出應當採用參與制管理，將員工從嚴密的控制中解脫出來，給予一定權力，讓他們承擔一定責任，鼓勵他們為實現組織目標而進行創造性的勞動。

2. 莫爾斯和洛希的「超Y理論」

莫爾斯和洛希認為，「X理論」和「Y理論」是對人性的兩種假設，不能說「Y理論」一定優於「X理論」，因為人的需要是多樣化的，不同的人有不同的需要，同一個人在不同的時間、地點也會有不同的需要，各個組織的性質、目標不同，人們的能力和需要也各異。因此，管理方式應根據具體情況而定，該用「Y理論」就用「Y理論」，該用「X理論」就用「X理論」，不存在適合於一切情況的最佳管理方法。這就是「超Y理論」的要點，它是一種權變理論。

3. 威廉‧大內的「Z理論」

這一理論的基本要點是：信任、微妙性、人與人之間的親密性。這三者都屬於道德範疇。日本企業正是充分運用了道德因素來調整管理過程中的人際關係，所以獲得了成功。他根據「Z理論」，設計了「Z型管理模式」，向美國推薦。

(十) 西方的激勵理論

有代表性的激勵理論主要有以下幾種：

1. 馬斯洛的「需要層次理論」

馬斯洛將人們的多種多樣的需要歸納為五種：生理需要、安全需要、歸屬需要、尊重需要、自我實現的需要。五種需要形成一個層次（等級），低一級的需要基本得到滿足后，才能產生高一級的需要。因此，採取的激勵策略應當適應不同員工的需要等級，越是高級的需要，實現的難度越大，其激勵力也越強。

2. 赫茨伯格的「雙因素理論」

這個理論的要點是：

（1）提出滿意的對立面是沒有滿意，不滿意的對立面是沒有不滿意，而不是像傳統觀念那樣認為滿意的對立面就是不滿意。

（2）能使員工感到滿意的因素，如工作進展、工作成就、領導賞識、提升、個人前途等，稱為激勵因素。會使員工感到不滿意的因素，如公司的政策

制度、工作條件、報酬福利、人際關係等，可稱為保健因素。保健因素再好，也不會使員工滿意，而是沒有不滿意，所以不產生激勵作用。

（3）激勵因素與工作內容有關，保健因素與工作條件有關，二者類似內因與外因的關係。管理者應特別重視激勵因素，但對保健因素也不可忽視。

赫茨伯格的理論與馬斯洛的理論很相近。「激勵因素」相當於尊重需要和自我實現的需要，而「保健因素」則相當於生理、安全和歸屬的需要。不同之處是，馬斯洛將五種需要的滿足都看作激勵，而赫茨伯格則認為只有高級需要的滿足才算是激勵。

3. 麥克里蘭的「成就激勵理論」

麥克里蘭著重研究高級管理人員的激勵，他認為成就需要是關鍵因素。這個理論的要點是：

（1）具有強烈成就需要的人希望面臨的是「風險」與「挑戰」。要承擔風險，迎接挑戰，才更具刺激性與滿足感，更能顯示自己的能力。

（2）管理者要把具有強烈成就需要的人放在關鍵崗位上，以激發其成功的動力。

（3）通過教育和培訓，可以造就出具有高成就需要的人。這樣的人越多，越利於組織的興旺發達。

4. 伏隆的「期望理論」

伏隆著重研究激勵過程，即有關激勵的因素如何起作用。這一理論的基本模式為：

$$激勵力 = 效價 \times 期望值$$

式中，激勵力指調動員工積極性、激發其內在潛力的強度。

效價，又稱行為后果的強度。行為后果是指某一行為導致的結果，例如努力工作可能增加工資、晉升職務或受到別人尊重，違反勞動紀律就會受到處分。其強度是指人們對此后果的期望程度。如果期望得到，則強度為正值，為 0~1；如果對此后果漠不關心，則強度為 0；如果不願得到此后果（如不願受處分），則強度為負值，為 0~-1。負強度不一定不好，如怕受處分就不去違反紀律。正強度和某些負強度都對員工有激勵作用，不過前者是從正面鼓勵，后者則通過威脅、危機感等作用達到激勵的效果。強度的估計純粹是主觀的，是因人因時因地而異的。

期望值是指採用某種行為而獲得預期后果的概率，為 0~1。例如勤奮工作，增加工資或晉升職務的可能性很大，則期望值或許是 0.9；反之，如平均主義盛行，干多干少一個樣，則期望值為 0。期望值也是主觀估計的。

激勵力的大小與兩個因素有關，可視為它們的函數。如努力工作可增加工資，正是本人所期望的，則效價為 0.9；假如企業的考核逗硬，獎懲分明，則

期望值也為 0.9。這樣，激勵力將是 0.9×0.9 = 0.81。假如本人對增加工資不感興趣，則效價為 0，縱使期望值為 0.9，激勵力也為 0。又如效價為 0.9，但企業平均主義盛行，期望值為 0，則激勵力也為 0。

伏隆據此指出，為了激勵員工，一是要使他們對行為后果的強度增大，二是要使期望值升高，以增強激勵力。

5. 亞當斯的「公平理論」

亞當斯提出，一個人對自己的報酬是否滿意，不只看絕對值，更重要的是看相對值，即個人的報酬與貢獻的比率，並且要進行橫向（與他人）比較和縱向（歷史的）比較。假如個人的比率與他人相當，則認為公平合理，從而激發動力；反之，如本人比率低於他人，或低於本人歷史水平，則認為不公平合理，影響工作積極性。

此理論有兩點啟示：

（1）公平不是平均主義，也不是按需付酬。

（2）在組織內部，工資、獎金、職務晉升、職稱評定等，都有一個公平的問題，必須引起重視，消除不公平現象。

（十一）中國的激勵方式和原則

中國的激勵方式有下列幾種：

（1）目標激勵。前面第六章第三節已說明目標對員工有激勵作用。

（2）組織激勵。這是組織運用責任和權力以及推行民主管理對員工進行的激勵。

（3）榮譽激勵。這是運用表揚和授予獎狀、獎章、獎旗及榮譽稱號等進行的精神激勵。

（4）物質激勵。這包括工資、獎金、福利等。

（5）制度激勵。如用工制度、考勤制度、考核制度、獎懲制度等，可以激勵職工，規範職工的行為。

（6）環境激勵。如改善工作環境，創造良好的工作條件；領導者重視感情投資，關心愛護職工；增強團結，形成良好的人際關係等，都可以增強組織的凝聚力，起激勵員工的作用。

中國的激勵原則有以下幾條：

（1）物質激勵與精神激勵相結合。要善於利用這兩類激勵手段，既反對「精神萬能」，又反對「金錢萬能」和一切形式的拜金主義。

（2）個體激勵與群體激勵相結合。個人榮譽與集體榮譽、個人利益與集體利益的有效結合，才能調動全體員工的積極性。

（3）既全方位調動積極性，又使激勵效益成本低。要分析激勵的投入產出和效益成本，做到既提高組織績效，又使績效成本降低。

(4) 因人因事不同，掌握好激勵的方式、時間和力度。不同的人有不同的需要，激勵方式應因人制宜。激勵具有時效性，時過境遷的獎懲起不到激勵作用。激勵力度要恰當，過度的獎懲往往會帶來負面效應。

五、練習題匯

(一) 單項選擇題
1. 管理方格圖的創立者為（　　）。
   A. 坦南鮑姆和施密特　　B. 利克特
   C. 布萊克和穆頓　　　　D. 菲德勒
2. 馬斯洛提出的激勵理論是（　　）。
   A. 需要層次理論　　B. 雙因素理論
   C. 期望理論　　　　D. 公平理論

(二) 多項選擇題
1. 領導者個人的素質包括（　　）。
   A. 政治思想素質　　B. 業務知識素質
   C. 工作能力素質　　D. 氣質修養素質
   E. 身體健康素質
2. 中國的激勵方式主要有（　　）。
   A. 目標激勵　　B. 榮譽激勵
   C. 物質激勵　　D. 個人激勵
   E. 群體激勵

(三) 判斷分析題
1. 領導班子結構就是班子中各類成員的數量比例關係。
2. 「三結合」的領導方法就是將企業的高層管理者、中層管理者和基層管理者三者結合起來。

(四) 簡答題
1. 簡述領導職能在管理過程中的作用。
2. 為什麼說「超Y理論」屬於權變理論？

(五) 論述題
1. 中國總結出的基本的領導方法是什麼？
2. 在中國管理實踐中，對員工的激勵應遵循哪些原則？

(六) 案例分析題

案例1：通用有限公司

某市通用有限公司的總經理王先生剛收到計財部關於公司最近情況的報告。他閱后很不高興，因為銷售額下降，成本上升，利潤減少，用戶的申訴增加，人員流動率也在升高。他立即召開中層以上幹部會。會上他說：「我看了最近的報告，發現公司的績效不佳，這應歸咎於你們的領導不力。我看到不少員工在上班時間隨意串崗，公司變成了俱樂部。員工們關心的是少干工作，多拿工資和獎金。現在需要更嚴格的監督和更多的控制。他們不好好干，先警告一次；再不行，就炒他們的魷魚！」

與會幹部聽后都不發言，只有一位年輕幹部胡蓉提出，她對公司是否應該這樣嚴格控制表示懷疑。她說：「人們基本上是要工作、想貢獻的，只要有機會，他們都想把工作做好。公司或許還未把職工的潛力真正利用起來，因為職工都有較高的文化程度，都想參與決策過程。」她建議總經理向職工說明公司當前的處境，然后請他們幫助提高生產率。

王先生對胡蓉的話感到吃驚，心中暗想她肯定是在業余學習工商管理碩士（MBA）學位課程時，被一些新鮮觀點迷住了。於是，他突然宣布休會，並命令與會幹部下周星期一再開會，匯報各自在強化控制方面擬採取的特別措施。

分析問題：

1. 總經理對人性的觀點是什麼？他採取的是什麼領導方式？胡蓉的發言暗含的人性觀點又是什麼？她建議的是什麼領導方式？

2. 假如你是公司聘請的顧問（但非公司在冊職工），也參加了這次會議，你將向總經理提出什麼改善公司經營狀況的建議？

案例2：某服裝廠的激勵計劃

某廠專門生產婦女時裝及飾件，經濟效益好。該廠人事科科長張雯剛從一個管理研修班上歸來。這個班主要研究人員的激勵理論。張雯對馬斯洛和赫茨伯格二人的理論有深刻印象，決心立即在工廠加以運用。她認為這個廠的工資水平已居於同行業的前列，現在應當強化赫茨伯格所說的「激勵因素」。

張雯說服了廠領導，制訂了一個激勵計劃，強調領導賞識、加大個人責任、重視成就、增強工作的挑戰性等，要求職工經常開會，互相評議，記錄優缺點，對表現突出者及時表揚或提升。這個計劃實行了數月之后，她困惑地發現事情的發展並非如她所預料。

服裝設計師們對計劃的反應最不積極。有些人認為他們的工作本來已具挑戰性，他們的成就感是靠超過各自的銷售定額去實現的，他們的工作成績明顯可見，而這個新計劃對他們來說純粹是浪費時間。裁剪工、縫紉工、熨燙工和

包裝工們的感受則多種多樣。有些人對實施新計劃而獲得賞識做出了良好的反應；另一些人則認為，這個計劃不過是廠領導要求他們更加賣力工作，却不多給工資。工會的領導人也讚同后一部分人的觀點，對計劃提出公開批評。

職工的反應如此分歧，廠領導對張雯很不滿意，打算停止執行新計劃。張雯去請教工廠的管理顧問，顧問說她是把激勵理論過分簡單化了，理論的運用要從實際出發。

分析問題：

1. 你認為，這個計劃何以遇到這樣多的困難？管理顧問說張雯把激勵理論簡單化，是什麼意思？

2. 假如你是人事科科長，你將怎麼辦？是否應停止執行新計劃？

第十章
控　制

一、本章內容指點

　　組織業務活動的進行，需要密切跟蹤監測，以發現實際運行的結果與預定目標、計劃的要求是否一致。如發現不一致，即出現偏差，就應查明原因，研究是否採取措施，糾正偏差，以保證預定目標、計劃的實現。必要時，也可以修改預定的目標、計劃。這些活動就是管理的控制職能。

　　本章首先介紹控制的含義和分類，再著重分析其三步走的程序。其中，建立標準時有關「差異容許值」的制定，發現偏差時是否需要採取糾偏措施，應採取什麼措施，都是控制職能中的決策問題。

　　其次，介紹了預算控制、非預算控制、全面績效控制等多種控制方法。這些方法可以選擇採用，也可以同時結合起來使用。但應注意控制的有效性和效率，並不是採用的控制方法越多越好，控制力度越大越好。如將控製作為施行專制統治的手段，則更會導致眾叛親離，事業失敗。

　　最后介紹戰略控制的方法及其執行中應注意的問題。戰略控制是對戰略規劃實施過程所進行的控制，由於戰略規劃是一個中長期規劃，其實施期限往往長達數年，所以需要有獨特的控制方法。這裡介紹了前提控制、執行控制和戰略監視三種方法，可以結合起來使用。

　　從第六章計劃到本章為止，管理的五職能構成了管理過程的一個循環，舊的循環結束，新的循環又開始，如此持續下去。在這個過程中，組織結構和人員配備是相對穩定的，所以在初始循環設計好組織結構、配備好全部人員之後，后續的循環只需要考慮結構的局部調整（必要時改革）和局部的人員進出及調配，而無須重新設計結構和配備全部人員。

二、基本知識勾勒

　　控制的含義和分類
　　控制的基本程序

預算的概念和種類
預算控制的過程和優缺點
非預算控制的方法
全面績效控制的方法
戰略控制的方法
戰略控制實踐中的問題

三、學習目的要求

學習本章的目的要求是：

瞭解：控制的含義和分類，預算的種類，現代戰略控制的方法。

理解：預算控制的過程及其優缺點，非預算控制的方法，全面績效控制的方法，戰略控制實踐中的問題。

掌握：控制的基本程序。

運用：聯繫實際說明反饋控制和預先控制、直接控制和間接控制之間的差別及其重要意義。

四、重點難點解析

（一）控制的含義

廣義的控制是指為保證實際工作能與計劃一致而採取的一切行動。狹義的控制則是指按照目標、計劃衡量計劃的完成情況，發現偏差，查明原因，採取措施，糾正偏差，以保證目標、計劃的實現。我們是從狹義來理解控制職能的。

理解控制的含義，要掌握以下幾點：

（1）控制是管理過程的一個階段，它同計劃、組織、人事、領導諸職能構成管理活動過程。

（2）控制是一個發現問題、分析問題、解決問題的過程，即發現、分析和解決業務活動中的與預定目標、計劃不一致之處（偏差）。

（3）控制需要一個科學的程序：標準的確立，實際績效同標準比較，偏差的糾正。

（4）控制的前提條件：標準可以衡量且已有衡量方法，有衡量實際績效與標準之間的差異的方法，有調整預定標準的方法。

（5）控制的目的是保證預定目標、計劃的實現，必要時也可以修改或調整目標、計劃。

(二) 控制的分類

控制可按不同的標準來分類。

(1) 按控制活動的重點不同，可分為三類：

反饋控制：控制的重點是業務活動過程的結果，發現此結果同原定目標、計劃之間的偏差，然後採取措施加以糾正。

現場控制：控制的重點是業務活動過程本身，監督正在進行的操作，保證按目標、計劃辦事。

預先控制（又稱前饋控制）：控制的重點是業務活動過程的投入，發現此投入同原定目標、計劃的偏差，預防業務活動的結果出現偏差。

(2) 按控制來自何方劃分，可分兩類：

內部控制（又稱自我控制）：各部門、單位自定目標，自我控制。

外部控制（又稱他控）：下級單位受上級控制，被領導者受領導者控制。

內部控制也可稱為分散控制，外部控制也可稱為集中控制。

(3) 按控制對象劃分，可分兩類：

成果控制：控制對象是業務活動過程的成果，這是控制職能的核心。

過程控制：控制對象是業務活動過程本身，這是成果控制的保證條件。

(4) 按控制手段劃分，可分兩類：

直接控制：即採用行政手段來控制。

間接控制：即採用非行政（經濟、法律等）手段實施的控制。

(5) 按控制的業務內容劃分，不同性質的組織有所不同。如工商企業，就有進度控制、質量控制、庫存控制、成本控制、財務控制等。如學校、醫院、政府機關，則有工作進度控制、工作質量控制、經費預算控制等。

(三) 控制的基本程序

控制的基本程序包括三個步驟：

1. 標準的建立

標準代表人們期望的績效，是衡量實際績效是否滿意的依據。一般的標準就是計劃職能所制定的目標、計劃、預算等，也包括依據這些目標、計劃等新定的具體標準。

在制定上述標準時，還應當考慮「差異容許值」，類似於「公差」。當實際差異在此容許值範圍之內時，視同無差異；只有在實際差異超出容許值範圍時，才認為出現了偏差。

2. 實際績效同標準相比較

這一步驟包括按照標準監測業務活動的實際運行情況，並將監測結果告知負責採取糾正措施的人員。此處所謂監測結果有兩層含義：一是已產生的結果，

二是預測將會產生的結果。無論何種結果，都要以收集的大量信息為基礎。

將實際績效同標準相比較，可能發現三種情況：①實際同標準完全一致，即無偏差，這是極為少見的情況。②實際超過了標準要求，即正偏差。③實際達不到標準要求，即負偏差。發現了正偏差和負偏差，此情況是否正常、良好，需作具體分析，再決定是否需採取糾正偏差的措施。

對於需採取糾偏措施的偏差，尚需加以界定，即給予確切的說明。它包括：①偏差的性質，是正偏差還是負偏差，是關鍵性偏差還是一般性偏差，是經常發生還是偶爾發生的，等等。②偏差影響的範圍大小。③偏差發生的地點。④偏差發生的時間。界定偏差是為進一步查明原因、採取糾偏措施打下可靠基礎。

3. 偏差的糾正

負責採取糾偏措施的人員在獲知上述經過界定的偏差後，首先是查明產生偏差的原因。這些原因大體可分為三類：①業務活動實際執行中的問題，如人員安排不當、生產技術準備不足、預定技術組織措施未能採用或生效等；②原定的標準（目標、計劃等）有問題，如對環境估計失誤導致標準過高、在標準制定後客觀環境發生了巨大變化導致標準脫離現實等；③上述兩類原因兼而有之，這就需進一步分析兩類原因中誰是主要的。

在查明原因後，即應採取糾正偏差的措施。前已提及，偏差有已經發生的和預測將要發生的兩種。對於已發生的偏差，若其產生原因比較複雜，一般應先採取臨時性措施，使問題暫時緩解或終止，再採取能治本的糾正性措施；若原因比較簡單，則可直接採取糾正性措施。對於將發生的偏差，應採取預防性措施去糾正。

由於偏差產生的原因不同，糾正性措施也可以分為三類：①糾正業務活動實際執行中出現的問題，以保證原定標準的實現；②修改或調整原定的、已脫離現實的標準，使之切合實際；③同時採取上述兩類措施。

通過發現偏差和糾正偏差，還會反應出控制工作存在的問題（如信息系統數據不足、反應不及時等），應隨之加以解決，使日后的控制更為有效、更加經濟。

(四) 預算控制的過程和優缺點

預算是一個組織以貨幣為單位、用財務方面的術語來表述的，對未來預期的業務活動做出的清單。在計劃一章中，我們已指出它屬於計劃工作的內容。以預算為標準進行的控制活動，就稱為預算控制，這裡的預算又成為一種控制工具。

預算控制過程包括下列幾個步驟：

(1) 編製預算，作為控制依據的標準；

(2) 將預算的執行情況同預算相比較，發現偏差；

（3）查明偏差產生的原因，採取糾偏措施。

預算控制應用廣泛，因為它具有明顯的優點，主要表現在：

（1）它可以對組織中複雜多樣的業務採用一種共同標準（貨幣尺度）來加以控制，便於對各種不同業務進行綜合比較和評價；

（2）它採用的報表和制度，人們早已熟悉，在會計上已使用了多年；

（3）它的目標集中指向組織業務獲得的效果，即增收節支，並取得盈利；

（4）它有利於明確組織及其內部各單位的責任，有利於調動所有單位和個人的積極性。

然而預算控制也有其缺點，主要表現在：

（1）它有算得過細的危險，可能束縛管理者必需的管理自主權；

（2）它缺乏彈性，有管得過死的危險；

（3）它容易導致管理者熱衷於「按預算辦事」，讓預算取代組織目標的危險；

（4）它有鼓勵虛報、多報支出或少報收入以便自己能輕鬆完成預算的危險。

（五）預算的種類

預算的種類很多，組織活動的每個方面都可以編製預算。以企業為例，主要的預算就有收支預算、現金預算、投資預算和資金平衡預算等。

（六）非預算控制的方法

（1）親自觀察。如西方企業推行的「走動管理」。此法主要運用於現場控制、過程控制。

（2）報告，包括專題報告。

（3）盈虧平衡分析。在前面第五章第四節介紹的確定型決策方法之一，即盈虧平衡分析法，又是一種控制方法，可用於控制不同生產銷售水平下的利潤數和成本數。

（4）網路計劃技術，包括 CPM 和 PERT。它們既是計劃方法，又是控制方法，特別適用於一次性工程。

（七）全面績效的控制方法

（1）經濟核算。它與計劃工作相配合，嚴格地、盡可能準確地控制、核算和分析組織從事業務活動的成果和消耗、收入和支出、盈利和虧損，以促進組織加強管理，提高工作效率和效益。

企業的經濟核算已發展為全面經濟核算，它以實現組織總體目標為中心，把各部門、單位的經濟核算結合起來；以計劃、財務部門為中心，把各個職能部門的經濟核算結合起來；以專業核算為主導，把專業核算同群眾核算結合起來。

（2）用資金利潤率進行控制。它是美國杜邦公司首創、已在工業界得到廣泛應用的財務控制系統，以圖10-1解析。

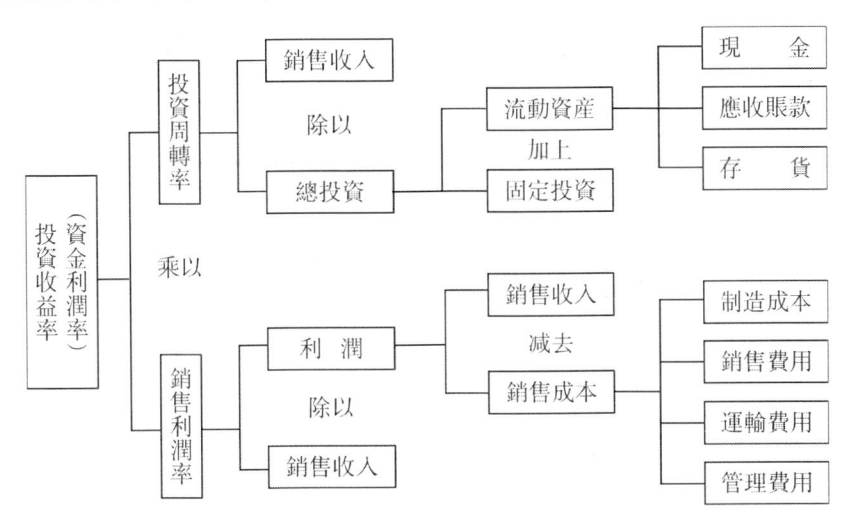

圖10-1 杜邦公司的財務控制系統

圖10-1中，資金利潤率的計算公式如下：

$$資金利潤率 = 利潤總額/資金總額$$
$$= （利潤總額/銷售收入）×（銷售收入/資金總額）$$
$$= 銷售利潤率×資金週轉率$$

從圖10-1可看出，對資金利潤率的分析可以涉及企業生產經營的各個方面，從而對它們進行控制。

（3）要項控制。這是抓主要項目的控制來達到控制全面績效的方法，例如企業把產品質量、物資消耗和經濟效益三個要項抓住，即可對全面績效進行控制。

（4）內部審計與控制。這是由組織內部審計人員對組織的會計、財務和其他業務活動所做的定期的獨立的評價，目的是強化全面績效控制。

（八）戰略控制的方法

戰略控制是對戰略規劃實施過程所進行的控制。由於戰略規劃是一個中長期規劃，實施週期長，就需要有獨特的控制方法。現代戰略控制方法主要有下列三種：

（1）前提控制。戰略規劃的制定是以組織內外環境的調研和預測得出的戰略要點（機會、威脅、優勢、劣勢）為前提的。所謂前提控制，就是在規劃實施過程中，繼續密切關注內外部環境的發展變化，關注作為規劃前提的戰略要點的變化，考慮原定規劃是否需要變革。

（2）執行控制。這是對戰略規劃實施過程本身的控制，常採用里程碑分析、中間目標分析、戰略底線分析等方法。也就是設定實施過程中的里程碑、中間目標、必須達到的要求（必保底線）等，通過監測實際執行情況，考察設定的這些標準是否達到，偏差如何，再決定採取何種糾偏措施，以保證戰略目標的實現。

（3）戰略監視。這是在戰略規劃實施過程中繼續密切調研組織內外部環境，極為廣泛地關注可能影響組織戰略實施的一切重大事件和趨勢（而不限於戰略規劃的前提），及時採取對策。

（九）戰略控制實踐中的問題

為了加強戰略控制，需要解決好以下問題：

（1）克服戰略控制的障礙。這些障礙可分三類：①體系障礙。它產生於控制系統設計上的缺陷，如系統的範圍、複雜程度和要求與組織現有管理能力不相適應等。②行為障礙。它產生於控制系統同組織高層管理者的思維方式、經常習慣及組織文化不相協調。③政治障礙。它產生於控制系統的運行影響到組織內部某些權力集團，招致那些集團的不滿，或者某些權力集團為其自身利益而不願將不利的信息如實報告（報喜不報憂）等。這三類障礙都應當設法消除。

（2）戰略控制需保持一定的靈活性，以適應外部環境的不確定性。

（3）要激勵高層管理者對企業目標的實現承擔責任，但戰略目標的確定會遇到困難，需加以克服。

（4）保持各級管理者之間的相互信任。信任是管理者的重要特點之一，它能創造一種安全氣氛。相互信任要求雙方一致認同控制標準的合理性，要求雙方都能充分信任對方的能力，相信實際執行情況會得到組織合理的判斷。

五、練習題匯

（一）單項選擇題

1. 將重點放到組織業務活動的投入上的控制稱為（　　　）。
　　A. 反饋控制　　　　　　　　B. 現場控制
　　C. 預先控制　　　　　　　　D. 間接控制

2. 盈虧平衡分析法屬於（　　　）。
　　A. 預算控制法　　　　　　　B. 非預算控制法
　　C. 全面績效控制法　　　　　D. 組織內部審計法

（二）多項選擇題
1. 如按控制對象來劃分，控制可分為（　　　）。
   A. 內部控制　　　　　　B. 外部控制
   C. 成果控制　　　　　　D. 過程控制
   E. 現場控制
2. 現代戰略控制的方法主要有（　　　）。
   A. 前提控制　　　　　　B. 預先控制
   C. 執行控制　　　　　　D. 反饋控制
   E. 戰略監視

（三）判斷分析題
1. 管理者行使其控制職能就是對其下屬實行嚴密監督、嚴格考核和獎懲。
2. 直接控制較之間接控制更加可靠，更加有效。

（四）簡答題
1. 什麼是內部控制和外部控制？
2. 全面績效控制的方法一般有哪些？

（五）論述題
1. 試述控制的基本程序。
2. 什麼是預算控制？它有何優缺點？

（六）案例分析題
案例1：電力建設公司的預算控制

一家大型電力建設公司聘請了某獨立的審計事務所對公司進行審計。事務所的審計師們考察完公司的營運活動後，感到需要密切注意的是新建設工程的預算控制。

審計師們發現，大多數新建工程的設計（包括預算）都是公司總部的一位項目經理編製的，而在編預算時，他只是參考過去類似工程項目的費用，再以各種理由簡單地加以放大。在過去兩年間，多數預算都被遠遠高估了（附帶說明，正是大約在兩年前，這位項目經理被授以編製預算的主要責任）。項目經理需將其預算呈送公司的支出控制委員會，該委員會由一些對預算無多大興趣的高級經理們組成。項目經理隨時還向委員會呈報追加預算的報告，大多數報告都獲得批准。

主審計師還發現，那些工程項目的團隊成員只要他們認為預算許可，就總是去拉長竣工週期；換言之，他們總是調整自己的生產效率，使之與項目所分到的資金相適應。

審計師們注意到，別的承包商可以在資金減少20%的條件下完成類似的工程。他們的結論是：電力建設公司的控制系統必須重建。

分析問題：

1. 你認為電力建設公司目前的預算控制系統有哪些不足之處？
2. 假如你參加了這次審計，你將對控制系統重建提出什麼建議？

案例2：計算機化的控制系統

某醫藥公司規模較大，在全國設有20個銷售服務中心。由於同行業的許多中小企業都已將計算機應用於記錄保存和帳務處理，這家公司的總裁感受到巨大的壓力。她要裝備一個計算機化的控制系統，為公司及銷售服務中心記帳。

過去，公司的收支都是用手工作業方式處理的，會計部門只有兩個負責人和五個會計員。帳表比較簡化，一張日報就顯示出包括20個銷售中心的數據。工資計算也類似，工資單通常都能在24小時之內處理完畢。

公司邀請了幾家計算機公司去考察。他們的分析是，要想通過計算機化來節省人力和費用，幾乎是不可能的。但有一家公司提供的新型數據處理系統相當令人信服。公司顧問預測，如採用此系統，將有幾個好處：信息處理加快，業務信息更詳盡，費用可節約。

信息控制系統被採用了。兩年以后，總裁聽到的匯報是：「採用計算機以前，會計部門僅7人，現增至9人，外加數據處理中心還有7人。要從計算機得到輸出確實只需幾分鐘，但是我們要把最后一個銷售服務中心的數據輸入之後才能計算，這就是不幸的延誤，因為必須等待那個工作最遲緩的單位的數據。的確，我們獲得的信息更詳盡，但我們不知道是否都有人看，想在計算機打印出的報告中找出所需的信息並對它做出分析解釋，真是太費時間了。我們希望恢復過去的手工方式和帳表系統，可是公司已投入這麼多的資金，已到了無路可退的地步。」總裁聽到這些匯報，也感到為難。

分析問題：

1. 這家醫藥公司的計算機化控制系統何以未能收到預期的效果？能否斷言計算機化系統不如手工作業系統？
2. 如果你是總裁，現在應當怎麼辦？

第十一章
協　調

一、本章內容指點

在組織的日常活動中，其內部外部各單位、機構之間，各項工作之間，人與人之間，常會出現一些矛盾，甚至演變為衝突。管理者必須及時發現並化解這些矛盾，才能保持團結和諧，保證組織的活動正常進行。管理者的這項管理工作就稱為協調。

古典組織理論的創立者法約爾將協調列為管理的五大職能之一。后來許多學者都認為，協調富於計劃、組織、領導、控制等管理職能之中，應當理解為管理的本質而非獨立的管理職能。我們認為，協調是管理者的經常性工作，花費他的大量時間和精力，所以仍把它視為管理的一項職能。

本章首先說明協調的概念、意義（作用）、原則和分類，然后分析了對矛盾和衝突的認識。傳統的認識是，一切矛盾和衝突都是壞事，都應當消除；現代的認識則區分建設性矛盾和破壞性矛盾，后者需要預防和消除，而前者則應加以促進和協商解決。

其次研究組織內部的協調。先分析組織內部矛盾產生的原因，再對症下藥，提出解決矛盾的方法。從產生原因看，有些是客觀存在的矛盾，有些是主觀上的矛盾，有些則是由於工作上的缺陷引發的矛盾。解決矛盾的方法是多樣的，關鍵是管理者要及時發現，精準分析，正確採取措施，客觀公正處理，使原則性和靈活性相結合。

再次，研究組織外部的協調。先舉出外部協調的對象，再以公用企業為例說明協調的內容和方法。從此例中受到啓發，即可舉一反三，聯繫實際研究其他組織的外部協調。

最后，研究溝通問題。溝通既是協調的一項原則，又是協調的必要技能。這裡先介紹溝通的程序、多種形式和網路，然后著重分析溝通常遇到的障礙及消除障礙的方法。在日常生活中，常常會看到溝通不暢、信息失真而影響工作的事例，足見障礙還不少，需認真對待。

二、基本知識勾勒

協調的概念和重要意義
協調的原則
協調的分類
對矛盾和衝突的認識
組織內部矛盾產生的原因和解決辦法
組織外部協調的對象
公用企業的外部協調
信息溝通的過程
信息溝通的形式和網路
信息溝通的障礙及消除方法

三、學習目的要求

學習本章的目的要求是：

瞭解：協調的意義和分類，對矛盾的認識，組織外部協調的對象，信息溝通的過程、形式和網路。

理解：組織內部矛盾產生的原因，公用企業的外部協調，信息溝通的障礙及消除方法。

掌握：協調的原則，解決組織內部矛盾的方法。

運用：聯繫實際說明協調的實質是人際關係的協調；舉出實例來證明組織面臨的矛盾和衝突有些是破壞性的，有些是建設性的。

四、重點難點解析

（一）協調的概念和意義

協調是管理的一項職能，是為了實現組織的使命和目標，對組織內部和外部各個單位和個人的工作活動與人際關係進行調節，化解矛盾衝突，求得協作配合的管理活動。

協調在管理工作中具有下列重要的意義：
（1）它是組織內部業務活動順利進行的必要條件；
（2）它是維持良好的工作環境、激發職工工作熱情的重要保證；
（3）它是建立良好的外部關係的重要途徑。

(二) 協調的原則
(1) 互相尊重的原則。
(2) 合作雙贏的原則。
(3) 信息溝通的原則。
(4) 客觀公正的原則。這是管理者作為調解人、經常扮演「裁判」角色應當堅持的一條原則。
(5) 原則性和靈活性相結合的原則。原則包括國家的法律法規、方針政策，組織的理念、目標任務、規章制度等。堅持原則才能保證協調工作的正確方向；但又必須同靈活性相結合，在不偏離原則的前提下採取求同存異、妥協讓步、折衷變通等方式化解矛盾衝突。

(三) 協調的分類
按照不同的標準，協調可分為不同的類型。如按協調的範圍，可分為組織內部的協調和組織外部的協調。如按協調的內容，則可分為工作協調和人際關係協調（由於一切工作都是由人來進行的，工作上的矛盾往往表現為人與人之間的矛盾，協調好人際關係有助於解決工作矛盾，所以說協調的實質是人際關係的協調）。如按協調的指向分類，可分為垂直協調（指從上到下或從下到上的縱向協調）和水平協調（指無隸屬關係的單位或個人之間的橫向協調）。如按協調對象的組織狀況分類，可分為組織間的協調、個人間的協調、組織與個人之間的協調等。

(四) 對矛盾和衝突的認識
協調工作的核心內容是化解和消除矛盾。矛盾具有普遍性，無處不在，無時不在。衝突也就是矛盾及工作中的摩擦現象。無論人們喜歡與否，矛盾和衝突總是不可避免的。

對矛盾和衝突的傳統認識是把它們都看成壞事，應當盡力消除。現代的觀點則認為矛盾和衝突要分為兩類：一類是妨礙組織目標實現的破壞性的矛盾和衝突，另一類則是有利於組織目標實現的建設性的矛盾和衝突。建設性的矛盾和衝突是雙方或多方在總體目標一致的前提下，因各自的認識、主張、採用的方法手段有所不同而引起的。它們可以啓發人們的思維，使人們認清矛盾的各個方面，更好地掌握矛盾的特殊性，採用必要的多種解決方法，從而有利於組織的發展。對於這兩類衝突，顯然應區別對待：對破壞性的矛盾和衝突，應採用預防和制止的辦法；對建設性的矛盾和衝突，則應採用促進和協商解決的辦法。

(五) 組織內部矛盾產生的原因
矛盾產生的原因多種多樣，但可作如下的概括：

（1）因任務、目標的不同而產生。各部門、單位和個人都有各自的目標和任務，它們之中有些會出現矛盾和衝突。例如企業銷售部門為擴大銷售，希望增加產品的花色品種；生產部門則希望品種少些，批量大些，以提高生產率。此外，目標、任務松緊不一，導致各部門、人員忙閒不均，也會引起矛盾。

（2）因組織結構方面的問題而產生。如組織結構設計有缺陷、權責規定不清、分工協作關係不明、信息溝通不暢，或組織結構與發生了變化的外部環境不相適應，都會產生矛盾衝突，發生推卸責任、相互扯皮等現象。

（3）因爭奪有限資源而產生。任何組織的資源總是有限的，為了爭奪人力、物力、財力資源，難免引發部門間的矛盾。

（4）因角色衝突而產生。組織內部的單位和個人，因職位不同，扮演的角色就不同。例如上述銷售部門與生產部門之間因任務、目標不同引發的矛盾往往就表現為兩部門領導人之間的角色衝突。第七章所講到的直線人員與參謀人員的矛盾，也可視為角色衝突。

（5）因個人因素而產生。這包括各人的性格不同、觀點不同、價值觀不同所引發的矛盾，也包括在工資獎金、福利待遇、晉升職務、評職稱等涉及個人切身利益的事情上引發的矛盾。

（六）解決組織內部矛盾的方法

要針對組織內部矛盾產生的原因，採用多種解決矛盾的方法。

（1）保持目標、任務的統一和協調。要按照「局部服從全局」的系統觀念，將組織的總體目標放在第一位，各部門、單位和個人的目標都要服從總體目標，據此綜合平衡那些目標，保持銜接協調，消除相互矛盾。在平衡時，還要注意克服各部門目標、任務松緊程度不一的現象。積極推行第六章介紹的目標管理，就有利於化解目標方面的矛盾和衝突。

（2）改善或改革現有的組織結構。要採取措施，消除權責不清、協作關係不明、溝通方式不暢等缺陷；如外部環境變化大，現有組織結構已不適應，則應著手改革組織結構。

（3）領導協調。領導者要親自做化解矛盾、處理衝突的工作，這是職責所在，不能迴避。召開協調會議也是一種常用的方法。

（4）利益協調。對工資獎金、生活福利、晉升職務等關係職工個人利益的事情，要特別關注，慎重處理，確保公開、公平、公正，預防和化解矛盾。

（5）人事調動。有些特殊情況，例如因性格衝突而引發的矛盾，及時進行人事調動是完全必要的。

（七）組織外部協調的對象

任何社會組織都處在一定的外部環境中，形成廣泛的外部關係。在這些關

係中，對組織影響較大、與組織聯繫緊密的那些單位和個人，都是組織外部協調的對象。

組織的性質不同，其外部協調對象會有所不同。一般說來，這些對象可包括投資者、供應單位、服務對象、政府機關、新聞媒介。

(八) 公用企業的外部協調

1. 公用企業與政府之間的關係協調

公用企業包括電力、通信、公共交通、自來水、燃氣等與居民日常生活密切相關的企業。它具有企業性和公共性的雙重特徵：一方面，它要自主經營、自負盈虧，具有一般企業的營利性特徵；另一方面，它又承擔了一定的公共服務任務，具有公共組織的公益性特徵。另外，公用企業具有明顯的規模經濟性和網路性，一個城市或地區只需一個或少數幾個公用企業才更有效率，因此，公用行業往往形成壟斷或寡頭市場結構，其企業常擁有一定的市場支配力量。

鑒於公用企業的上述特徵，政府對公用企業的管理是雙重的：一方面，政府視其為營利性企業，對它實行一般的社會行政管理；另一方面，政府視其為具有公共性和一定市場支配力量的組織，對它實行特殊的行政管制，即設立專門的管理機構，頒行專門的法律法規，對其特定經營活動（如進入退出、產品或服務定價、行為規範等）進行必要的干預。

公用企業對政府的關係協調相應地包括兩個方面：第一，與政府的一般社會行政管理相協調，遵紀守法，照章納稅，承擔社會責任；第二，與政府特殊的行政管制相協調，服從專門機構的管理，遵守專門的法律法規，在特定經營活動中接受政府的指導和監督。

2. 公用企業與投資者之間的關係協調

為實現公用企業的公益性特徵，世界各國的政府往往直接投資，實行國有國營。直到20世紀80年代，才在公用行業引入私人資本和競爭機制，廣泛推行公私合作。中國在20世紀90年代也開始公用事業體制改革，引進外資和私人資本，形成政府主導、公私共營的格局。

因此，公用企業與投資者的關係協調有兩種形式：一種是國有公用企業與國資委的關係協調，另一種是非國有公用企業與其股東大會的關係協調。兩種形式的協調有共同之處，即企業都要向投資者呈報企業的戰略規劃和年度計劃，報告計劃執行情況，報告一切的重大事項，接受投資者的監督，保證企業資產保值增值，向投資者發放紅利。

3. 公用企業與供應協作企業之間的關係協調

公用企業必須同供應協作企業保持良好關係，要尊重對方，樹立互利合作的經營理念，嚴格履行經濟合同，按時足額支付貨款，主動提交信息資料，並向對方提供力所能及的支持和服務。

4. 公用企業與消費者之間的關係協調

公用企業要樹立「用戶至上」的經營理念，千方百計做好為用戶服務的工作，加強與用戶的溝通，維護用戶的合法權益。

5. 公用企業與新聞媒體之間的關係協調

為了同新聞媒體建立良好關係，公用企業應對新聞媒體保持一種開放、歡迎的態度，主動提供真實信息，保持密切聯繫，並正確對待不利於企業形象的報導。

（九）信息溝通的過程、形式和網路

信息溝通是指人們相互間傳遞信息和思想感情的過程，它是協調工作的基礎。

信息溝通需具備三要素：發送人、接受人和傳遞的信息。信息溝通過程可分為六個步驟：

（1）發送人擁有某種思想或事件，且有發送出去的意向；

（2）發送人將這些信息編碼，即編成語言、文字等，以利發送；

（3）發送人選擇適當的信息通路將上述信息傳遞給接受人；

（4）接受人由通路收到信息編碼；

（5）接受人譯碼，將編碼譯為具有特定含義的信息；

（6）接受人對信息做出自己的理解並據以採取相應的行動，必要時可做出信息反饋。

信息溝通的形式多種多樣，可按不同的標準來分類：

（1）按組織系統，可分為正式溝通與非正式溝通。正式溝通是以正式組織系統為渠道的信息傳遞，特點是約束力強，溝通效果較好，但溝通速度較慢，有時也會發生信息漏失、曲解等情況。非正式溝通是正式溝通渠道以外的信息傳遞，特點是方便易行，溝通速度快，但消失也快，傳遞過程中信息扭曲、失真嚴重。

（2）按溝通方向，可分為上行溝通、下行溝通、平行溝通和斜向溝通。上、下行溝通是上下級之間的縱向溝通，平行溝通則是同一層次機構和人員之間的橫向溝通，斜向溝通則是不同層次機構和人員之間的橫向溝通，它們互為補充。

（3）按信息是否反饋，可分為單向溝通和雙向溝通。單向溝通是接受人只接受信息而不反饋意見的溝通，優點是快速簡便，缺點是發送人不易確認信息是否已被接收和正確理解，接收人無法表達自己的意見和問題。它適用於簡單、例行的事件和緊急事件。雙向溝通是接收人要反饋意見的溝通，優點是信息傳遞準確，溝通效果好，且能交流感情，缺點是傳遞速度慢、消耗時間多、發送人有時會產生心理壓力。它適用於複雜的、例外的事件。

（4）按溝通方式，可分為口頭溝通、書面溝通和體態語言溝通。其中，體態語言溝通是指通過眼神、面部表情、手勢或身體的其他動作來進行的溝通，其最大特點是往往能反應出人們的真實情感。

社會組織的溝通與個人間的溝通不同，它涉及許多人和群體，其溝通渠道會形成溝通網路。溝通網路主要有下列幾種：

（1）鏈式網路。這是多層次之間的縱向溝通，信息從上到下（如命令、指示的逐級下達）或從下而上（如信息的逐級向上匯報）。

（2）輪式網路。這是管理者分別與多個下屬間的溝通，下屬之間無聯繫。

（3）全渠道式網路。這是指有關的部門（或人員）相互間都能直接溝通，並無中心部門（或人員）。

（4）倒Y式網路。表示一個領導人通過其下級與幾個再下級之間的溝通，例如董事長通過總經理與中層幹部間接溝通。

這些溝通網路各有特點，適用於不同情況。

（十）信息溝通的障礙及消除方法

信息溝通經常會遇到障礙。主要的障礙有：

（1）語言文字上的障礙，如發送人表達不清、用詞不當、文字不通、邏輯混亂等。

（2）知識背景上的差異。發送人與接收人的知識背景不同，就可能對同一信息做出不同的理解。

（3）接收人的信息「過濾」。人們往往喜歡對自己有利的信息而不喜歡對自己不利的信息，「過濾」的結果就導致信息的漏失或扭曲。

（4）心理障礙。如接收人對發送人不信任或懷有敵意時，就會拒絕接收其發送的信息。當人們緊張或恐懼時，往往只關心與自己有關的信息。

（5）信息過量。如「文山會海」，令人接受不了，絕非溝通良策。

消除溝通障礙的方法帶有很強的針對性，主要的方法是：

（1）正確運用語言文字；

（2）充分考慮對方的知識背景，選用適當的溝通方式和語言文字；

（3）言行一致，以博得下級的信任；

（4）縮短信息傳遞鏈，盡量減少漏失、扭曲；

（5）提倡雙向溝通，上下級之間的雙向溝通尤為重要；

（6）實行例外原則和須知原則，讓接收人只接收最必要的信息，防止信息過量。

五、練習題匯

(一) 單項選擇題

1. 某廠重獎銷售人員，引起其他人員的不滿，經理最好選擇的協調方法是（　　）。

　　A. 合理劃分責權　　　　　B. 制定「超級目標」
　　C. 搞好利益協調　　　　　D. 暫時冷凍處理

2. 雙向溝通適用於處理（　　）。

　　A. 簡單、例行的事件　　　B. 複雜、例外的事件
　　C. 緊急事件　　　　　　　D. 偶然發生的事件

(二) 多項選擇題

1. 組織內部因組織結構方面的問題而產生的矛盾主要有（　　）。

　　A. 責權規定不清　　　　　B. 協作關係不明
　　C. 信息溝通不暢　　　　　D. 相互推諉扯皮
　　E. 工資高低懸殊

2. 組織外部協調的對象一般包括（　　）。

　　A. 服務對象　　　　　　　B. 供應單位
　　C. 投資者　　　　　　　　D. 政府機構
　　E. 新聞媒介

(三) 判斷分析題

1. 協調工作中的靈活性就表現為「和稀泥」。
2. 非正式溝通的特點是約束力強，溝通效果較好，但溝通速度較慢。

(四) 簡答題

1. 為什麼說協調的實質是人際關係的協調？
2. 組織面臨的矛盾和衝突有些是建設性的，有些是破壞性的，你能舉實例來說明嗎？

(五) 論述題

1. 要做好協調工作，應遵循哪些原則？
2. 信息溝通可能遇到哪些障礙？消除這些障礙主要有些什麼方法？

(六) 案例分析題

案例1：某市輕型汽車製造廠

某市的輕型汽車製造廠最近推出一款新型車，頗受用戶青睞，訂貨接踵而

來。但令廠領導頭痛的是，從批量投產以來，裝配車間工人們干活的勁頭不足，裝出的車返修多，月度出產計劃老是完不成，影響向客戶交貨。

於是廠領導召集各部門主管開會，研究解決問題的辦法。

主管生產的副廠長承認裝配車間的工作有些問題，如工人技術素質需要提高等。但認為主要是由於機械加工車間交付的零部件成套性差，一部分零部件質量不夠好，缺乏互換性，影響了裝配工人的勞動效率和工作情緒。他還埋怨：檢驗部門在掌握質量標準上有些過嚴，導致返修多；工藝部門也有責任，部件裝配和總裝的工藝文件經常修改，工人們提出的合理化建議也未被採納。他指出，原來推出的樣車是由精選的工人用精選的零部件裝配出來的，一旦轉入批量生產，就需有正規的工藝文件，還要教會工人去掌握，對零部件的質量也有嚴格的要求，而我們還未做好這些準備工作。

機械加工車間主任接著說，交付裝配的零部件都完全符合設計圖紙要求，保證了質量。如說互換性差，那是規定的公差有問題，但要修改公差，那是設計部門的事，而且一些機床的精度也可能有問題。至於交付零部件的成套性差，那是計劃安排和物料供應方面有問題。

總工程師聲明，零部件和汽車的設計圖紙都是無可挑剔的，假如再把公差規定得嚴格一些，有些關鍵機床就需要更新。至於裝配工藝的改動，那是適應工人的技術水平和工作習慣，採納了工人的合理化建議的，有些工序如能添置專用夾具和量具就更好。不過，更新機床和添置工具需用一大筆資金，財務部門一直就不同意，而且這樣會使汽車成本升高，影響工廠效益。他斷言，現在的問題不在技術上而在生產管理系統上。

主管人事的副廠長認為，目前廠裡職工數量多而素質差的矛盾十分突出，當務之急是大力加強職工培訓。可是大家對此不重視，個別車間領導人還不願讓工人去參加培訓，怕影響生產。不抓培訓，將難以組織正規化生產、掌握先進的技術裝備。

總會計師補充說，根據工廠目前的財務狀況，無力更新設備，如必須更新，只好向銀行貸款，這就帶來還本付息的問題。增添少量裝配用工具的錢是有的，但從未有人提出過。

廠長最后總結說，大家要心平氣和地研究，不要相互責怪或埋怨。現在客戶訂貨多而我們拿不出產品來，這是全廠的頭等大事，弄不好，必將影響工廠的前途。質量是工廠的生命，檢驗部門把關就應該嚴格。看來問題比較複雜，涉及的面很廣，大家可以繼續分析：主要的矛盾在哪裡？關鍵性的措施有哪些？各部門應如何配合？希望大家再深入實際，調查研究，拿出有說服力的材料來，還要注意聽取基層領導和職工群眾的意見。下周再開會，定要找出具體解決辦法。

分析問題：

1. 這次協調會議包括了哪些種類的協調，可否嚴格區分？
2. 這次會議揭露出的矛盾，是由哪些原因所引起？
3. 如果你是廠長，你打算如何進一步去分析研究，求得問題的解決？

案例2：海恩斯時裝有限公司

達勒·海恩斯是海恩斯時裝公司的總裁。公司在美國新英格蘭地區經營著30家婦女服飾連鎖商店。公司是達勒的父親在五十多年前興辦的，達勒接管了20年。由於他們父子精力充沛，熟悉婦女時裝的經營之道，公司已從設在康涅狄格州首府哈特福德市的單一商店發展成為相當大的獲利甚豐的連鎖店。達勒善於經營，為自己能掌握採購、廣告和商店管理的細節而感到自豪。他每兩週在哈市召集其下屬商店的經理、各位副總裁和公司高級參謀人員開會一次，平時每週還要花2~3天走訪下屬商店，同商店經理一道工作。

可是他主要的苦惱是信息溝通和激勵問題。他感覺到，在他召開的會議上，所有的經理和職員都是全神貫註的，但對照他們的行動，他又懷疑他們是否聽到他說的話。他看出，他的許多政策未能在商店裡得到嚴格執行，他經常不得不重寫廣告稿，有些商店的店員已參加了店員工會，而且他越來越多地聽到他所不喜歡的事情。例如有人報告說，許多雇員甚至還有一些經理都不瞭解公司的使命和目標，都想有機會同他及副總裁們溝通，才可能幹得更好。他還強烈地感覺到，許多經理和店員干起工作來並沒有真正的想像力。一些優秀的雇員已離去，到競爭對手處去任職，這是他非常關切的。

達勒的女兒喬依斯剛從大學畢業，來到公司作他的特別助理。他向女兒說：「我對公司的事態發展很擔心，坦白地說，我的兩個問題是信息溝通與激勵。我知道你在學校學習了一些管理課程。我聽你說起溝通的問題、障礙和方法，也說起馬斯洛、赫茨伯格、伏隆等人的激勵理論。我不瞭解這些心理學家是否熟悉工商業，但我自己是懂得激勵的，那主要是金錢、好的領導者和良好的工作崗位。我不知道你是否學過可以幫助我更好地溝通的辦法，但願你學過。你將提出什麼建議呢？」

分析問題：

1. 假定你是喬依斯，你將如何去分析公司的信息溝通問題？從案例中，你看出一些什麼問題？
2. 你將如何在公司中運用所學的信息溝通理論？將提出什麼建議？

第十二章
創　新

一、本章內容指點

　　創新是組織和社會發展的強大推動力，日益受到人們的重視。作為管理職能的創新，則是指管理者永不滿足於現狀，不斷開拓進取、大力倡導、鼓勵和組織全體員工投身創新活動，保證組織充滿生機和活力。

　　本章首先介紹創新的含義、特徵和內容。在特徵中，特別要突出其高風險性和高效益性。創新是創造新事物，面臨高度的不確定性和高風險，要遭受許多次的失敗和挫折，方能獲得成功。但高風險也會帶來高效益，二者呈正相關關係。從總體上看，創新得到的效益要大於風險造成的損失。

　　其次介紹創新的要素和原則。要素中應特別重視人的因素，要發動組織的全體員工都投入創新活動，並加以合理的組織。創新的組織相對於常規活動的組織，具有更多的非規範性、分散性和靈活性。原則中應特別重視允許失敗一條，對失敗者要鼓勵和支持其繼續努力，並幫助總結經驗，直到成功。

　　最后介紹了創新的過程，舉出組織結構創新、技術創新和企業流程再造等三個例證。其中，企業流程再造是20世紀90年代由美國學者提出來的，已經引起全球工商界的廣泛重視。

二、基本知識勾勒

　　創新的含義和特徵
　　創新的內容
　　創新的要素
　　創新的原則
　　創新的過程

三、學習目的要求

學習本章的目的要求是：
瞭解：創新的含義和內容，創新的要素。
理解：創新的特徵，創新的過程。
掌握：創新的原則。
運用：聯繫實際說明創新的特徵和原則，舉例說明企業產品創新的過程。

四、重點難點解析

(一) 創新的含義

創新一般是指人們在改造自然和改造社會的實踐中，以新思想為指導，創造出不同於過去的新事物、新方法和新手段，用以達到預期的目標。對企業而言，創新就是創造新產品、新技術、新市場、新的組織結構、新的管理制度和方法等的實踐活動。

作為管理職能的創新，則是指管理者高瞻遠矚，開拓進取，創造良好工作環境，採取各種有效措施，去倡導、鼓勵和組織領導各方面的創新活動，使組織充滿生機活力，不斷前進。

創新之所以必要，是組織的外部環境和內部條件不斷發展變化的要求。適應這些變化而開展的創新，就能增強組織的適應能力、競爭能力、生存和發展能力，並推動社會進步。

(二) 創新的特徵

(1) 創造性。創新是創造性的思想觀念及其實踐活動，維持現狀和照搬照抄就不是創新。

(2) 高風險性。創造性就會帶來高度的不確定性和風險性，包括市場風險、技術風險和管理風險。但創新的風險並不大於因循守舊的風險，因循守舊將使組織日漸衰敗而最終被淘汰。

(3) 高效益性。高風險性將帶來高效益性，二者呈正相關關係。從總體上看，創新獲得的效益要大於創新的投入和風險造成的損失。

(4) 系統性。創新是涉及戰略、市場調查和預測、決策、研究開發、生產、營銷等一系列過程的系統活動，受到組織內外許多因素的影響，需要眾多部門和人員的共同努力，以產生出系統的協同效應。

(5) 時機性。創新的機會往往存在於一定的時間範圍內，它要求人們能

捕捉到這一機會，充分加以利用，搶先進行創新；反之，如錯過機會，則創新的效果不大，甚至徒勞無功。

（6）動態性。創新是發展變化的。隨著創新成果的擴散，其形成的優勢和創造的效益將逐漸消失，這就要求不斷地創新。低水平的創新總是要被新一輪的高水平的創新所取代。

（7）適宜性。各社會組織的情況不同，需要解決的問題和可能條件也不同，而創新的程度和方式多種多樣，因此，組織應根據自身的實際情況選擇適宜的創新程度和方式。

（三）創新的內容

創新的內容很多，以企業為例，主要有：

（1）產品創新。此處所謂產品是一完整概念，包括其功能（即用途）、性能（如效率、能耗、安全、可靠、適應性等）、外觀（如外形、風格、色彩、包裝裝潢等）、品牌商標和附加服務（如質量保證承諾、銷售服務、融資便利等）。產品創新就是根據市場需求的變化和科技進步，從完整產品概念的各要素來改造老產品，開發新產品。當前產品創新的主要方向是多功能化、高性能化、小型化、簡易化、多樣化、節能化、美化等。

（2）生產技術創新。它包括設備、工具創新，生產工藝和操作方法創新，使用原材料和能源的創新。

（3）市場創新。它包括繼續深入開發現有產品市場和開拓新的產品市場，其實現途徑包括產品創新、生產技術創新和市場營銷活動的創新。

（4）組織結構創新。其主要內容是：機構設置和人員配備的調整，機構、人員責權的重新界定，分工協作關係和信息溝通渠道的重建，業務流程的重組等。

（5）管理制度和方法創新。它包括對規章制度的修改、廢除和新建，新的管理方法的推行與舊的方法的捨棄等。

（四）創新的要素

創新的要素是指創新活動賴以開展、對組織的創新能力有巨大影響的各種因素。主要有：

（1）人員。這裡包括創新參加者（包括各類職工）、創新組織者（包括負責創新活動的專門機構的負責人、各創新活動小組的負責人）、創新領導者（包括各層次管理者）以及人員結構因素（包括工程技術人員在全體員工中的比重、研究開發人員在工程技術人員中的比重等）。

（2）資金。首先是研究開發的資金，也包括生產經營資金。人們十分關注的是研究開發資金占銷售收入的比重。

(3) 科技成果或知識。科技成果包括技術專利、技術訣竅、樣品樣機、設計圖紙、科技論文或專著等。其可來自外部，也可來自內部。知識包括科技知識、經濟知識、管理知識等。

(4) 技術基礎水平。這是指組織現有的技術基礎水平，包括物質技術水平（如生產裝備水平）和管理技術水平。

(5) 信息資源。它包括外部信息和內部信息，而外部信息又包括政治、法律、經濟、社會文化、科學技術等多方面的信息。

(6) 組織管理。創新活動既要有專門的負責機構，又要開展群眾性的自由組合式的活動。創新活動的組織相對於常規活動的組織，具有更多的非規範性、分散性與靈活性。其工作制度應具有彈性，注意發揮創新者的主動創造性。

(五) 創新的原則

主要的原則有：

1. 創新與維持相協調

創新是相對於維持而言的，兩者相互聯繫，相輔相成。維持是創新的基礎，創新是維持的發展；創新為維持提供更高的起點，而創新成果的實現又需要維持；維持使組織具有穩定性，創新則使組織具有適應性。但兩者有時也會出現矛盾，要求正確處理，尋求兩者的動態平衡與最佳組合，這是管理者的重要職責。

2. 開拓進取與求實穩健相結合

創新的創造性特徵要求解放思想，但解放思想要同科學態度相結合，開拓進取要同求實穩健相結合。求實穩健是指一切從實際出發，尊重科學，實事求是，盡力而為，量力而行。

3. 計劃性與靈活性相結合

創新應當是有目標、有計劃的活動，集中優勢兵力去解決組織最急需的創新課題。但計劃應具有彈性，與靈活性相結合，才能充分調動創新者的積極性，又利於捕捉創新機會。

4. 獎勵創新與允許失敗相結合

創新的創造性、高風險性和高效益性要求組織對創新者的勞動及其成果高度尊重、公正評價和合理獎勵，對他們的創新活動給予支持和鼓勵。高風險性又決定了創新遭受失敗和挫折是難免的，因此，必須允許失敗。創新者不應因失敗而悲觀失望，管理者不應冷眼相看或橫加斥責，而應幫助創新者總結經驗教訓，繼續進行大膽探索，直到成功。

5. 爭做自主創新主體，以市場為導向

中國自主創新的基本體制是「以企業為主體、以市場為導向、產學研相

結合的技術創新體系」。企業是中國社會主義市場經濟體制的主體，就應當是自主創新的主體。企業要爭做創新主體，就應加強對創新活動的領導，加大創新活動的投入，擴大同科研單位和大專院校的合作，以市場為導向，依靠自主創新來發展生產，持續不斷地創新。

6. 加強對知識產權的累積和保護

知識產權是創造發明人對創新成果所享有的權利，是企業創新形成的無形資產，也是企業間乃至國家間綜合競爭力的一個方面。企業要通過自主創新、引進消化吸收再創新來累積知識產權，並提高全體員工的知識產權保護意識，設置專門機構來管理和保護知識產權。

7. 積極利用和整合國內外創新資源，積極參與國內外行業標準制定

企業必須在開放條件下自主創新，充分利用國內外的創新資源，實施借腦開發、合作開發，以彌補自身資源的不足，加快創新速度，提高創新效率。知識產權和技術標準相結合，成為技術創新的制高點。企業應有專職的標準研究人才，積極探索將自己的知識產權融入國內外的行業標準體系。

（六）創新的過程

這裡以組織結構創新、技術創新和企業流程再造的過程為例。組織結構創新過程和企業流程再造過程一般包括調查、決策、實施、評價四階段；技術創新過程也可分為決策、研究開發、實施、實現四階段，每個階段又可細分為若干步驟。

五、練習題匯

（一）單項選擇題

1. 創新作為一項管理職能，是相對於（　　　）而言的。
   A. 計劃　　　　　　　　　B. 組織
   C. 控制　　　　　　　　　D. 維持
2. 創新的決定性因素是（　　　）。
   A. 資金　　　　　　　　　B. 人員
   C. 科技成果　　　　　　　D. 信息資源

（二）多項選擇題

1. 創新的特徵主要有（　　　）。
   A. 創造性　　　　　　　　B. 計劃性
   C. 高風險性　　　　　　　D. 高效益性
   E. 動態性

2. 創新活動的組織相對於常規活動的組織，具有更多的（　　　）。
   A. 集中性　　　　　　　　B. 計劃性
   C. 分散性　　　　　　　　D. 靈活性
   E. 非規範性

（三）判斷分析題
1. 創新的效益與其風險大小並無多大聯繫。
2. 作為創新要素的信息資源都來自組織的外部，因而掌握外部信息至關重要。

（四）簡答題
1. 試簡述創新的含義。
2. 怎樣理解創新的高風險性和高效益性？

（五）論述題
1. 現在人們為何越來越強調創新的重要性？你是否讚同將創新看成管理的一項職能？
2. 創新活動應遵循哪些重要的原則？

（六）案例分析題
案例1：創新闖將霍華德·赫德

霍華德·赫德是發明金屬滑雪板的美國人。1946年，他初次滑雪，使用木製滑雪板。據他回憶說：那次滑雪糟透了，他覺得很丟臉。也許是人之常情吧，他認為這次不愉快的滑雪經歷都怪滑雪板不好。在回家的路上他就誇下海口，要用航空材料做出一副比木製的更好的滑雪板。

回到他所在的馬丁公司后，他開始構思，收集材料，並在一個改裝過的馬廄裡布置起工作室，潛心設計。他想做出一種金屬夾層式滑雪板，用兩層鋁板，中間充填塑料，兩邊鑲上三合板。

要將這些材料組合起來，必須加溫加壓。赫德因陋就簡地搞出一套工藝流程，利用了橡皮囊、舊冰箱的壓縮機、加熱爐、汽車曲軸箱裡放出來的機油等。經過6周，他終於在臭味和濃煙裡造出了6副滑雪板。造好后，他趕快讓滑雪教練去試驗。結果在試用過程中一彎就斷，全部報廢。赫德說，它們每斷一只，我都心如刀割。

赫德並未罷手，1948年元旦剛過，他就辭去馬丁公司的工作，用僅有的6,000元儲蓄自己干起來。他每週將一副經過改進的滑雪板送給滑雪教練試用，而教練又每週將一副斷了的板送回來。赫德說：「要是早知道要經過40次修改設計才能造好這種滑雪板，我也許早就放棄了。不過，幸虧每次我都認為，下次的設計準能成功。」

赫德就像著了迷一樣，持續艱苦奮鬥了三個冬天，作了多次精心的改進。1950年，在一個風和日麗的日子，滑雪教練經過試驗，讚嘆說：「這種滑雪板真棒！」在這個時刻，赫德才明白：「我成功了。」

分析問題：
1. 從赫德的具體事例中，你體會到一個創新者必須具備哪些優秀的品質？
2. 組織應當從哪些方面採取措施，以鼓勵和支持創新者？

案例2：新產品的研製和投產

某電子產品工廠的廠長召開會議，專門研究是否將新產品——微型恒溫器投入大批量生產並投放市場的問題。參加會議者有銷售、生產、物資供應和財會等部門的負責人。廠長指示每個與會者帶上準確資料，以便提出決策性意見。

會上，廠長首先說明有關的情況：

（1）兩年前，工廠為了應對主要競爭對手的挑戰，適應電子產品微型化的趨勢，開始研製微型恒溫器這一新產品。

（2）研製進程比較順利，工人和技術人員已掌握了這一新產品的許多技術知識，樣品試製成功，鑒定合格。

（3）已經設計和安裝了一條實驗性生產線，按小批試製辦法生產出幾百個恒溫器，產品性能完全達到設計要求，可同對手的產品競爭。

（4）問題是我廠恒溫器的成本高，按競爭對手所定的每個40元的價格出售，不僅無利可圖，而且略有虧損。

（5）現在必須做出決策：是放棄這一新產品，還是設法降低成本，投入大批量生產？

接著廠長請財會部門負責人說明產品成本情況，該負責人提出的資料如表12-1所示。

表12-1　　　　　　　　　產品成本情況　　　　　　　　單位：元

項　目	實際成本	標準成本
1. 直接材料	17.0	9.7
2. 直接人工	2.95	2.6
3. 一般製造費用（按直接人工標準成本的438%計）	11.4	11.4
4. 製造總成本	31.35	23.7
5. 損耗費用（按製造總成本的10%計）	3.14	2.37
6. 銷售與管理費用（按直接人工與一般製造費用之和的40%計）	5.75	5.6
7. 產品總成本	40.24	31.67
8. 產品定價（按產品總成本加上廠定的銷售利潤率14%的利潤計）	46.8	36.9

財會部門負責人向與會者解釋，由於我廠成本（尤其是直接材料費）高，按競爭價格每個40元出售，將虧損0.24元。如能將成本降到標準成本水平，則按廠定銷售利潤率14％加上利潤，定價也不到37元，按競爭價格出售，利潤將很豐厚。即使只將直接材料費降到標準成本水平，按銷售利潤率14％加上利潤，定價也不過38元左右，仍大有利可圖。

　　銷售部門負責人認為，微型恒溫器是重要產品，市場廣闊，絕不能放棄。他們已將該產品的促銷工作納入計劃。他還說，他個人並不太重視成本估算，因為工廠尚未將該產品投入大批量生產，尚未獲得規模經濟效益。

　　生產部門負責人說，他正同工程師們研究焊接新方法，如果成功，直接人工費和相應的一般製造費用、損耗費用、銷售與管理費用等均會減少，產品成本會降低。此外，對裝配工人進行培訓，壓縮裝配工時的潛力還很大。

　　供應部門負責人說，降低成本，材料費是關鍵。微型電子元器件的生產廠不多，我們尚未找到適當的貨源。過去是臨時的、少量的採購，價格高而質量難保證。現在要盡快物色貨源，進行談判，估計有可能將材料費降下來。但請告知計劃生產批量，以便計劃材料用量，同供貨廠家協商。

　　廠長認為此次會議已基本弄清了情況，並對各部門願在降低成本上做出努力表示讚賞。他說：「產品生產和投入市場之前，必須有成本估算，至少保證不虧損。不重視這一點，就忽視了價值規律的作用，即使對新產品也應如此。大家應牢記，工廠要講效益，創新也是為了提高效益。廠定銷售利潤率14％一般是必須保證的。」他要求各部門繼續設法降低成本，特別是材料費的問題要抓緊解決，以便盡快做出決策。

　　分析問題：

　　1. 你是否讚同廠長所說：「創新也是為了提高效益」？這一觀點可否聯繫到技術與經濟的關係，可否應用於其他組織（如學校、醫院、政府機關等）？

　　2. 如果你是廠長，在下次會議上你將如何決策？決策的基本依據是些什麼？

　　3. 是否在任何情況下，產品的售價都不能低於其總成本，否則就不應生產和投放市場？

結 束 語
未來管理的展望

一、本部分內容指點

在學習了前面十二章有關管理學的基本知識之後，有必要對未來的管理將如何發展變化作一些探索。事實上，組織的外部環境自第二次世界大戰結束後即已逐漸發生巨大變化。20世紀80年代、90年代又相繼出現了一些新的管理理論，對傳統的管理理論展開了批判。這些就為我們探索未來的管理提供了可能性。

本部分首先介紹從20世紀后半期開始的組織外部環境（主要是一般環境）的發展變化，包括科技因素、經濟因素、政治法律因素、社會文化因素四方面的變化。這些變化對組織的管理提出了新要求，成為探索未來管理發展的客觀依據。

其次，分別介紹了第三次浪潮、第五代管理、第五項修煉（學習型組織）等有關理論的要點，並綜合了三種新理論的共通之處。這些理論為探索未來管理發展提供重要參考。

最后，對未來的管理發展變化做出了八點預測。這些預測的期限不會太長，至多適用於21世紀前半期。這些預測都只是初步的、不成熟的，僅供參考和討論。

二、基本知識勾勒

從20世紀后半期開始的一般環境的變化
「第三次浪潮」管理理論的要點
「第五代管理」管理理論的要點
「第五項修煉」管理理論的要點
對未來管理發展趨勢的預測

三、學習目的要求

學習本章的目的要求是：
瞭解：從 20 世紀后半期開始的一般環境諸因素的變化。
理解：在 20 世紀八九十年代出現的新的管理理論。
掌握：新世紀管理的發展趨勢。
運用：聯繫實際說明「以人為本」的管理、系統觀點和權變觀點的應用、柔性管理。

四、重點難點解析

(一) 從 20 世紀后半期開始的一般環境的變化

1. 科技因素

（1）科學技術突飛猛進，出現了許多新興科技，包括核能技術、信息技術、航天技術、生物技術、合成新材料技術等。

（2）因新興科技的應用，出現了一些高新科技產業，如核工業、電子工業、計算機工業、軟件產業、通信設備產業、航天工業、合成材料工業、生物工程、基因工程等。這些產業被稱為「知識密集型產業」。

（3）新產品層出不窮，產品更新換代很快。

（4）高新科技成為經濟增長的決定性因素，科技對國民生產總值增長速度的貢獻越來越大。

2. 經濟因素

（1）科技進步促進了全球經濟一體化，加劇了國內外市場的競爭。

（2）在經濟全球化的同時，又出現經濟集團化的趨勢。

（3）隨著競爭的激化，各國都在不斷調整各自的經濟結構。

（4）隨著科技進步和經濟發展，許多國家的人民生活水平有所提高，社會需求日趨複雜化。

（5）在經濟發展、人口增長的同時，可供利用的物質資源日益短缺，生態環境日益惡化。

3. 政治、法律因素

（1）各國政府的職權範圍在逐步擴大，法制在加強。

（2）各國政府越來越多地重視保護和促進本國工商業的發展，政治為經濟服務的趨勢增強。

4. 社會、文化因素

（1）世界人口持續增長，但各國人口狀況各有不同。

（2）在發達國家，勞動者的素質普遍提高，藍領與白領的界線逐漸模糊，他們的工作動力、自我控制能力和生活習慣等都與過去不相同。

（3）消費者的消費理念在改變，追求個性和時尚，眼光挑剔。

（二）「第三次浪潮」管理理論的要點

美國未來學家托夫勒於 1980 年出版了《第三次浪潮》一書。此書雖非管理學專著，卻論述了許多管理問題。書中有關管理的論述主要有：

（1）托夫勒將人類文明劃分為三個時期：①公元前 8000 年開始的農業革命，使人類進入農業社會，這是第一次浪潮；②18 世紀開始的工業革命，將人類帶入工業社會，這是第二次浪潮；③大約從 1970 年起，工業發達國家開始進入后工業社會，這是第三次浪潮。托夫勒對比了第三次浪潮與第二次浪潮在管理方面的差別。

（2）托夫勒將科技進步（能源結構的轉換，特別是高新科技的出現）視為第三次浪潮的標誌，他認為電子工業、宇航工業、海洋工程和遺傳工程將成為第三次浪潮的工業骨幹。

（3）在第三次浪潮衝擊下，大公司已不再是只管生產商品賺錢的經濟組織，而同時要對生態環境、道德標準、政治影響和社會問題負責，公司的目標多樣化要求其管理者具有做出一次完成多種目標的綜合政策並制定出具體措施的能力。

（4）在第二次浪潮的工業社會裡，流行的原則是專業化、標準化、同步化、集中化、好大狂、集權化；第三次浪潮來臨，這些原則都受到衝擊，紛紛發生變化，將人們從機器束縛中解放出來。

（5）第二次浪潮的組織是典型的官僚機構，等級森嚴，制度繁瑣，一成不變。在第三次浪潮衝擊下，新的組織的機構比較平等，各部門都有較大的自主權，而且結構靈活，能根據環境變化適時變革。它的成員都能隨機應變，對所擔任的角色都能勝任愉快，運用自如。

（6）托夫勒專門描述了第三次浪潮時代的「新型工人」：他們都承擔著較大的工作任務，時間靈活，自定步調；他們敢於負責，善於同他人協作，能迅速適應情況變化；他們很獨特，敢於標新立異，除經濟報酬外，更著重尋求工作的意義。

（7）組織的權威形式也在發生變化。過去是統一指揮，有爭執由上司解決。現在是將不同級別的員工組成工作組，他們各有上司，分歧的意見不必經過上司而是協商解決，而且他們認為意見分歧是健康的，並對有獨立見解、勇於發表意見者給以獎勵。

(三)「第五代管理」管理理論的要點

美國管理學者薩維奇於 1991 年出版了《第五代管理》一書，提出了新一代管理的理念和原則以及管理模式的轉變途徑。其理論的要點是：

（1）薩維奇將人類文明史劃分為四個時代：①農業時代；②工業時代早期，從 1770 年到 19 世紀末；③工業時代晚期，從 20 世紀初到 20 世紀 90 年代初；④知識時代早期，從 20 世紀 90 年代初開始。

（2）接著，他將管理劃分為五個發展階段：①第一代管理，這是工業時代早期的管理，特點是資本家所有權和經營管理權的統一；②第二代管理，從 20 世紀初到第二次世界大戰結束，特點是嚴格的等級制；③第三代管理，從第二次世界大戰結束到 20 世紀 70 年代，特點是矩陣制組織形式的運用；④第四代管理，盛行於 20 世紀七八十年代，特點是電子計算機在管理上的普遍應用；⑤第五代管理，始於 20 世紀 90 年代初，特點是知識網路化。由上述劃分可看出，他所說的前四代管理都是工業時代的管理，而第五代管理則是知識時代早期的管理。

（3）工業時代的管理之所以要向第五代管理過渡，是因為工業時代管理的理念和原則已不適應知識時代的需要，嚴格的等級制束縛了人們的手腳，各層次、各部門各自為政，互相封鎖，既不能適應多變的環境，又不能充分發揮人們的積極性，所以必須過渡。

（4）工業時代管理理念和原則主要有：①亞當·斯密的勞動分工和「經濟人」假設；②巴貝奇的按精細分工付酬；③管理的分工和專業化；④所有權和管理權的分離，出現了職業化的管理人員和等級制度；⑤泰羅制的計劃工作與執行工作的劃分，導致了白領與藍領的劃分；⑥法約爾的統一指揮原則；⑦自動化取代手工勞動，把勞動者「解放」出來。

（5）第五代管理者有著新的管理理念和原則。其根本的理念是，人是組織最寶貴的資源，他們具有豐富的知識、能力和經驗，組織要善於發揮他們的才能，調動他們的積極性。組織是一個領導方式問題，就是要建立一個把人們最優秀的才能結合起來的環境。

原則一是虛擬企業和動態協作。在組織形式扁平化的基礎上，根據工作需要，將不同層次、不同單位的員工組成任務團隊（任務完成，又重新組合），還可以吸收用戶以及用戶的用戶和供應商的成員參加，這就形成了虛擬企業，將多個企業的才能結合起來。在任務團隊內部破除了嚴格等級制的束縛，就能實現人員的動態協作。

原則二是對等知識聯網。這是在將人員組成任務團隊之後，要求每個人都能與他人交流，都能容易地獲得他人的信息和知識，破除各自為政、相互封鎖的弊端。

原則三是集成的過程。當任務團隊組成后，要求每個人不斷接觸和聯繫別人的思想和知識，以便對重要的工作和問題做出識別和行動，集體做出決策並付諸實施。

原則四是對話式工作。第五代管理認為工作是一種富有意義和創造性的人際對話。工作不是孤立的，一個人在工作，別人也看到了甚至參加了，因此，他們在工作中互相對話，交流知識和信息，增進了技能。

原則五是人類時間和計時。工業時代重視時間因素，但它是重視時鐘時間，過去、現在和未來是相互分離的。第五代管理的時間觀念是人類時間，假定過去、現在和未來是一體的，對過去的回憶和對未來的預期，同時出現在眼前，時間成為一個整體。對未來的預期是很重要的。

上述五原則是相互聯繫的，但只有強有力的領導才能使之共同起作用，適應從工業時代到知識時代的轉變，將第四代管理轉變為第五代管理。這個轉變主要包括下列內容：

（1）從法約爾的指揮鏈和等級制度轉變為以人為中心的知識網路化，人們廣泛接觸，交流知識，使工作能順利完成。

（2）從命令和控制轉變為集中（保證全體人員將注意力集中在關鍵問題上）和協調。

（3）從職位權威轉變為知識權威，尊重知識，交流知識，共同學習進步。

（4）從序列活動轉變為平行活動，從各部門相互隔離轉變為同時運轉，密切協作。

（5）從縱向交流轉變為橫向交流、全渠道式交流。

（6）從不信任和服從轉變為信任和誠實。

（四）「第五項修煉」管理理論的要點

1990年，美國管理學者彼得·聖吉出版了《第五項修煉》一書，提出了「學習型組織」的概念。他認為，未來真正出色的組織將是能夠設法使各層次人員全心投入、並有能力不斷學習的組織。為了成為這樣的組織，需要五種技能，可稱為五項修煉。其中第五項修煉為系統思考，它是五項修煉的基石，所以首先介紹，並把它作為書名。

系統思考就是運用系統觀點的一項修煉，要求思考問題一定要從全局出發，樹立整體觀念。聖吉概括出系統思考的11條法則，並首創出系統思考的工具（模式）。

第一項修煉為自我超越，這是學習型組織的精神基礎。它要求組織的每個成員都要建立個人的「願景」（期望），集中精力，努力學習，永不滿足於現狀。

第二項修煉為改善心智模式。心智模式是指人們心中存在的、用於瞭解世

結束語　未來管理的展望

界及採取行動的假設、成見、印象等，它是可變、可改善的。心智模式的改善有利於人們工作和組織的發展。

第三項修煉為建立共同願景。組織的共同願景是指其成員共有並願為之奮鬥的使命、目標和價值。每個組織都要經過努力，將其成員的個人願景融合在共同願景之中。

第四項修煉為團體學習。在學習型組織中，學習是由團體來進行的，團體學習有利於成員之間相互啓發，其形成的集體智慧高於個人智慧。

上述五項修煉相互聯繫，以系統思考為基礎，通過系統思考將四項修煉結成一體。五項修煉要真正創造出學習型組織，必須互相搭配，並解決好下列問題：

（1）超越組織內的政治文化，即超越由職位、權力、既得利益等形成的關係。要做到這點，需從建立共同願景開始，創造一個重視實際貢獻的環境，還需公開而真誠地討論重要課題。

（2）組織扁平化，高度分權，給人們行動的自由去實現他們自己的構想，並對產生的后果負責。傳統組織中，高層管理者在思考，基層人員在行動；在學習型組織中，每個人都在思考和行動。高度分權，可能導致對共同資源的爭奪，所以要加強共同資源的管理。

（3）組織成員特別是管理者要善於安排時間。

（4）組織成員特別是管理者要善於處理工作與家庭之間的矛盾。

（5）利用「微世界」，從實驗中學習。「微世界」是指利用個人電子計算機模擬現實環境來進行實驗或演習，這是學習型組織常採用的一種技術。

（6）領導者應當是組織的設計師、自己的願景的僕人和組織成員的教師，帶領組織成員通過努力學習去實現組織的共同願景。

（五）三種新管理理論的共同點

上述三種新的管理理論雖各有特點，却有一些明顯的共同之處：

（1）他們根據新時期勞動者的素質提高、自控能力增強、工作動力和生活習性變化等特點，遵從麥格雷戈對人性的「Y理論」假設和組織文化理論的有關論述[1]，特別是適應知識密集型產業和知識經濟的需要，突出地重視人的因素，把人看作組織最為寶貴的資源，要求尊重人才，尊重知識，將員工作為管理的主體，千方百計調動員工的積極性和創造力。

（2）為此，他們都主張改革嚴格的等級制，而將不同層次、部門單位的

---

① T J 彼得斯，R H 小沃特曼．成功之路［M］．余凱成，等．譯．北京：中國對外翻譯出版公司，1985．W G 大內．Z 理論［M］．孫耀君，等．譯．北京：中國社會科學出版社，1984．

員工組成工作組、任務團隊或學習組,承擔一定的工作任務,享有一定的職權去開展工作。在組(團隊)內,員工們相互交流(知識、經驗和信息),相互學習,相互協作,共同完成工作任務。

(3)他們都具有組織文化理論的「非理性傾向」,對過去的管理理論特別是古典管理理論的「理性主義」提出了批評,包括亞當·斯密的勞動分工和「經濟人」假設、泰羅的標準化和計劃與執行的割分、法約爾的統一指揮和等級制、自上而下的控制和命令、大規模生產的經濟性等。這當然不是完全否定理性,而是反對迷信理性。

(六)對21世紀管理發展趨勢的預測
(1)它將是真正以人為中心(以人為本)的管理。
(2)它將是更加群體化的管理。
(3)它將更加突出組織文化的作用。
(4)它將更加重視系統觀和權變觀。
(5)它將是柔性的管理。
(6)它將更加重視戰略的制定和實施。
(7)它將出現跨國化趨勢。
(8)它將促使組織不斷地創新和學習。
上述八點預測是提供參考和討論的。

五、練習題匯

(一)論述題
1. 21世紀的一般環境有哪些變化?
2. 你對21世紀管理發展趨勢的預測有些什麼看法?

(二)案例分析題
案例1:世界經濟未來十大走向

美國的麥肯錫公司對未來世界的經濟、社會和商業趨勢進行預測,歸納為以下十點:

(1)未來二十年內,亞洲國家的GDP占世界總量的比重將與歐洲國家持平,在某些領域其發展水平將超過歐洲國家。但在這期間,美國仍將在經濟總量中占較大的比重。

(2)養老金支出所帶來的壓力將促使政府公共部門大幅度提高生產力,政府結構和政府與相關人員的關係將改變。

(3)未來十年內,約有10億消費生力軍進入全球市場,其家庭年均收入

將達到5,000美元。發達國家的消費群體結構也將發生改變。

（4）技術革命方興未艾，各種技術革新將繼續影響人們的生活。

（5）人才變為競爭的焦點。在發展中國家，已有3,300萬受過大學教育的年輕專業人才，這一數字還將繼續增長。人才將決定這些國家的命運。

（6）對世界知名大企業的監控將繼續。

（7）自然資源和生態環境面臨的壓力將增大。

（8）新的工業結構產生，技術革新將使大企業和中小企業之間出現共存的方式。

（9）管理趨於科學化，成功企業與失敗企業的差別就在於其科學化的管理能否賦予企業競爭力。

（10）對信息技術的掌握將給知識經濟帶來轉變，知識產生的速度將以幾何級數增長。因此，企業需要制定適當的發展戰略，才能得到發展。

分析問題：

1. 你是否讚同「人才將變為競爭的焦點」這一看法？
2. 對於管理科學化，你有些什麼看法？

案例2：Google 如何管理「知識工作者」

與許多高新科技公司一樣，Google的僱員大多是工程師。以下是公司用來促使知識工作者發揮最高效能的十項原則：

（1）大家來招聘新人。應聘者至少經過6位考官面談，這使得招聘過程更為公平，要求更高。

（2）解除員工的后顧之憂。公司不僅提供一攬子工資外福利，還滿足員工幾乎所有的生活要求，讓他們輕鬆地兼顧工作和生活。

（3）把團隊「裝進」同一間辦公室。公司的每個項目幾乎都是團隊項目，讓團隊成員在一間屋裡辦公，就最便於溝通交流。與知識淵博的同事坐在一起，是令人難忘的高效學習體驗。

（4）讓協作變得輕鬆。同在一屋，協作自然容易。此外，公司還要求員工們每週用電子郵件向團隊其他人發送一段上周工作內容摘要，使每個人都能瞭解同伴們的工作進展，並與團隊工作保持同步。

（5）使用自己開發的工具軟件。員工們對公司工具的使用頻率非常高，其中最突出的是網路。幾乎每個項目都有專門的內部網網頁，都被編入索引，如有需要，可隨時查閱。

（6）鼓勵創新。公司的員工最多可以有20%的時間用在自選項目上，以發揮大家的創造力。公司有一個「點子郵件表」，專用於收集員工的合理化建議。

（7）努力達成共識。公司的管理者做決策，總要傾聽多方面的意見，然

后形成共識。雖耗時較多，但能使團隊更加同心協力，決策也更加周全。

（8）不要使壞。公司創意培養一種相互尊重、彼此寬容的氛圍，但不是人人唯命是從。

（9）以數據推動決策。幾乎每項決策都以定量化分析作依據。

（10）高效溝通。公司每個星期五都召開全體員工大會，宣讀通知，進行介紹和回答。公司以高度的信任換取員工高度的忠誠。

分析問題：

1. 在這十項原則中，你最感興趣的是哪幾項？為什麼？
2. 你認為這些原則也適用於非高新科技企業嗎？有無特殊情況？

綜合練習題

綜合練習題一

一、單項選擇題（每小題1分，共20分）

1. 在企業管理中，倡導尊重每一位員工、重視員工權利的思想，這種做法屬於（　　）。
    A. 公司文化　　　　　　　B. 政治手段
    C. 經濟條件　　　　　　　D. 激勵理論

2. 面對競爭加劇的世界經濟，管理者必須密切關注外部環境的變化，以便有效地適應環境並在必要時（　　）。
    A. 進行組織變革　　　　　B. 保持組織穩定
    C. 促進環境變化　　　　　D. 減少環境變化

3. 某企業生產某種產品的固定成本為30萬元。除固定成本外，該產品的單位變動成本為4元，市場售價為10元。若要達到6萬元銷售毛利的目標，該產品的產銷量應為（　　）。
    A. 30,000件　　　　　　　B. 45,000件
    C. 60,000件　　　　　　　D. 75,000件

4. 人際溝通中會受到各種「噪音干擾」，這些「噪音」可能來自（　　）。
    A. 溝通的全過程　　　　　B. 信息編碼過程
    C. 信息傳遞過程　　　　　D. 信息譯碼過程

5. 在下列各項中，作為管理幹部培訓的主要目標應當是（　　）。
    A. 傳授新知識，豐富他們的理論
    B. 灌輸組織文化，使其價值觀符合組織的需要
    C. 培養其崗位職務所需的操作技能
    D. 以上三項都是

6. 企業創新的內容一般可以歸納為（　　）。
    A. 技術創新，市場創新，組織創新

B. 技術創新，工藝創新，組織創新

C. 技術創新，工藝創新，市場創新

D. 技術創新，工藝創新，產品創新

7. 在下列管理工作中，需要總經理親自處理的是（　　）。

A. 公司各辦公室的電腦分配方案

B. 對一位客戶投訴的例行處理

C. 對一家主要競爭對手突然大幅降價做出反應

D. 對一位違紀職工按規章進行處分

8. 激勵理論中的雙因素理論，其「保健因素」是指（　　）。

A. 影響職工工作滿意度的因素

B. 影響職工工作不滿意度的因素

C. 能保護職工身心健康的因素

D. 能預防職工身心疾病的因素

9. 某酒店的組織結構呈金字塔狀，越往上層則（　　）。

A. 其管理難度與管理幅度都越大

B. 其管理難度與管理幅度都越小

C. 其管理難度越大，管理幅度則越小

D. 其管理難度越小，管理幅度則越大

10. 在公司制企業中，總經理的職責是執行董事會制定的決策。因此，總經理（　　）。

A. 一定不持有公司的股票

B. 只負責執行工作，不做任何決策

C. 主要負責管理決策

D. 負責公司所有經營管理問題的決策

11. 統計分析表明，關鍵的事是少數，一般的事是多數。這意味著控制工作應當（　　）。

A. 突出重點，照顧一般　　B. 靈活、及時和適度

C. 客觀、精確和具體　　　D. 重視協調和組織工作

12. 瑞士在1969年研製成功石英電子手錶，但因其認為無發展前途而沒有重視。日本人卻接過了這一發明而大加發展，譽滿全球，並擠垮了一百多家瑞士手錶廠。這一事例說明（　　）。

A. 瑞士的鐘表廠缺乏技術創新精神

B. 技術管理更能給企業帶來競爭力

C. 技術要發揮作用離不開資本投入

D. 決策對企業生存發展的影響極為重大

13. 某公司生產塑料製品，經營狀況不理想。后來該公司注意到，影視作品及電視廣告中出現的家庭居室多使用各色塑料百葉窗，於是公司大量生產百葉窗，取得了良好的績效。這說明公司做到了（　　）。

  A. 對經濟環境的適應　　　　B. 對社會文化環境的適應

  C. 對技術環境的利用和引導　D. 對經濟環境的利用和引導

14. 某美發廳經營績效好，於是：①投保 200 萬元的企業財產保險；②為每個員工投保 2 萬元家庭財產保險；③為每個員工投保了 10 年意外事故保險；④投保了職工失業保險。這些措施針對職工的（　　）。

  A. ①②生理需要，③④安全需要

  B. ①生理需要，②③④安全需要

  C. 均為安全需要

  D. 均為生理需要

15. 某公司採用多元化發展戰略，其產品已涉及機械、化工、輕工等部門，但其組織結構仍然是直線－參謀制。最近公司領導已發現這很難適應管理的需要，決定進行改革。你認為比較好的做法是（　　）。

  A. 精簡產品和部門，發展集中優勢

  B. 各產品部門都實施承包，自主經營

  C. 按產品實行分部制管理

  D. 公司增設參謀人員，加強班子建設

16. 某高新技術企業的總裁並未接受相關技術教育，也無從事過相關技術領域的經驗，而只接受過工商管理碩士教育，並有在非高新技術企業成功經營的經歷。他上任三年不到，就使企業扭虧為盈。這一事例說明（　　）。

  A. 企業高層管理者不需要專業知識和技能，有管理經驗就行

  B. 成功的管理經驗有通用性

  C. 企業核心領導的管理水平對企業發展有著至關重要的作用

  D. 這只是偶然現象，可能該總裁正好遇到市場機會

17. 有人說「管理就是決策」，這意味著（　　）。

  A. 管理者只要善於決策，就一定能成功

  B. 管理的複雜性是由決策複雜性導致的

  C. 決策對管理的成敗具有很重要的影響

  D. 管理首先需要面對複雜的環境做決策

18. 「亡羊補牢，猶未為晚」，可理解為反饋控制行為。下列情況中，最貼近這裡「羊」和「牢」的關係的是（　　）。

  A. 企業規模與企業利潤　　　B. 產品合格率與質量保證體系

  B. 降雨量與洪水造成的損失　D. 醫療保障體系與死亡率

19. 某大型廣告公司的業務包括廣告策劃、製作和發行，一個電視廣告至少要經過創意、文案、導演、美工、音樂合成、製作等專業部門的通力協作方能完成。比較適合該公司的組織結構形式的是（　　　）。

  A. 直線制　　　　　　　　B. 直線-參謀制
  C. 矩陣制　　　　　　　　D. 事業部制

20. 關於管理中的例外原則，最準確的理解是（　　　）。

  A. 上級授權給下級處理日常事務，自己只從事重大的、非程序化問題的決策

  B. 上級只接受下級關於例外情況的報告

  C. 上級將日常事務全權交下級獨立處理，自己只保留對例外事項的決策和監督權

  D. 上級在授予下級日常事務處理權的同時，保留對其執行結果的監督權，然后集中精力處理例外事例

二、多項選擇題（每小題2分，共20分）

1. 早期的行為科學理論稱為人際關係理論。它的要點包括（　　　）。
  A. 人是「社會人」，非單純的「經濟人」
  B. 設計出理想的行政組織結構
  C. 企業中除正式組織外還存在「非正式組織」
  D. 新型的領導能力在於管理要以人為中心
  E. 高層管理者要實行「例外原則」的管理

2. 企業的特定環境包括的因素有（　　　）。
  A. 顧客　　　　　　　　　B. 物資供應商
  C. 金融機構　　　　　　　D. 競爭對手
  E. 內部職工

3. 組織文化的負面影響主要有（　　　）。
  A. 組織文化產生慣性，可能阻礙變革
  B. 扼殺個性和思想觀念的多元化
  C. 妨礙組織內部的溝通與協作
  D. 唯我獨尊，排斥外來文化
  E. 促使各部門單位各自為政，相互封鎖

4. 決策的影響因素包括（　　　）。
  A. 環境　　　　　　　　　B. 組織文化
  C. 過去決策　　　　　　　D. 時間
  E. 決策人對待風險的態度

5. 企業戰略規劃可分為多個層次，主要有（　　　）。

  A. 企業總體戰略規劃   B. 經營性戰略規劃
  C. 職能性戰略規劃   D. 基層單位戰略規劃
  E. 崗位（職務）戰略規劃

 6. 中國總結的、適用於社會主義公有制組織的組織工作原則主要有(　　　)。
  A. 民主集中制   B. 職位等級制
  C. 責任制   D. 加強紀律性
  E. 精簡高效

 7. 中國過去在人員考評上存在一些問題，改進的途徑包括(　　　)。
  A. 進一步明確考評標準   B. 建立健全考評的反饋制度
  C. 更加強調自我考評這一環節   D. 聘請外單位專家來協助考評
  E. 注重對考評結果的應用

 8. 西方專門研究人的需要的激勵理論（可稱為激勵內容理論）包括(　　　)。
  A. 伏隆的「期望理論」   B. 赫茨伯格的「雙因素理論」
  C. 麥克里蘭的「成就激勵理論」   D. 亞當斯的「公平理論」
  E. 馬斯洛的「需求層次理論」

 9. 按控制活動的重點來劃分，控制可分為（　　　）。
  A. 預先控制   B. 現場控制
  C. 反饋控制   D. 成果控制
  E. 過程控制

 10. 協調職能的重要意義表現在（　　　）。
  A. 它是組織內部業務活動順利進行的必要條件
  B. 它是激發員工工作熱情的重要手段
  C. 它是組織適應外部環境的有效措施
  D. 它是組織加強倫理道德的有力工具
  E. 它是建立良好的外部關係的重要途徑

三、判斷分析題（每小題2分，共10分）

 1. 法約爾提出的統一指揮原則是絕對不能違反的，否則必將出現管理混亂的現象。

 2. 控制工作的力度越大，越嚴格，則效果越好，越能保證計劃的實現。

 3. 領導者之所以對其下屬有影響力，全靠手中的權力。有權力才有影響力，權力越大，則影響力越大。

 4. 按照馬斯洛的需要層次理論，人的行為是由最高一級的需要決定的。

 5. 領導者的責任不能隨著分權或授權而相應地全部轉移給下級。

四、簡答題（每小題5分，共10分）

1. 現在不少企業的管理人員認為「計劃跟不上客觀環境的變化，所以制訂計劃根本沒有用」。這種看法是否正確？為什麼？
2. 管理者應當如何認識組織內部的矛盾和衝突？

五、論述題（每小題10分，共20分）

1. 西方古典管理理論中的行政組織理論有哪些要點？
2. 分部制組織結構形式有哪些優缺點？

六、案例分析題（20分）

菲利浦·莫里斯公司的戰略變革

菲利浦·莫里斯公司是世界上規模最大、獲利最豐的菸草公司之一，其主要產品——萬寶路牌香菸風靡世界。但在20世紀50年代，它曾面臨多次巨大的威脅：美國國會通過決議，禁止電視臺放映香菸廣告；衛生組織認定香菸有害健康，許多地區的法院受理了人們對菸草商危害健康的控訴，並裁定菸草商賠償巨款。菲利浦·莫里斯公司同其他菸草公司一樣意識到，如果它們自己要生存下去，就必須採用多元化戰略，進入其他行業；而它們擁有的雄厚財力，足以使它們能夠併購其他行業的企業。

1969年6月，菲利浦·莫里斯公司用1.3億美元買下一家啤酒公司——米勒釀造公司53%的股份；1970年后期，又以0.97億美元買下米勒公司其餘的股份，使之成為菲利浦·莫里斯獨家所有的公司。先前，啤酒行業都採用比較傳統、保守的方法來開發市場，菲利浦·莫里斯公司却大力加強米勒公司的市場營銷活動，改進了老產品「米勒高壽」，大力開發低熱量啤酒（萊特啤酒）和超高級啤酒（羅文布勞、米勒特別儲備），淘汰了表現不佳的進口啤酒（慕尼黑十月），還急遽增加廣告促銷活動，迅速提高了米勒公司的市場份額，在美國啤酒公司中占據第二位。

1978年，菲利浦·莫里斯公司又收購了一家軟飲料企業——七喜公司，並把原來含咖啡因的七喜飲料改為無咖啡因的，接著又開發了一種無咖啡因的可樂飲料，並在各媒體上大肆宣傳，使飲料的銷售量飛速上升。

后來，菲利浦·莫里斯公司又收購了國際上第四大菸草公司——羅思曼，更擴大了香菸的生產和市場。今后，公司的多元化戰略還將繼續實施，還將併購其他行業的企業。

分析問題：

1. 請指出公司的總體戰略、經營單位戰略和職能性戰略。
2. 什麼環境因素促使公司實行多元化戰略？對此你是否讚同？
3. 你認為多元化戰略有無風險？

綜合練習題二

一、單項選擇題（每小題1分，共20分）

1. 管理既是科學，又是藝術。隨著時間的推移，管理研究的不斷深化，環境變化速度的加快，管理活動最可能發生的變化是（　　　）。

    A. 其科學性將不斷增強，藝術性將下降

    B. 其藝術性將不斷增強，科學性將下降

    C. 其科學性和藝術都將不斷增強

    D. 其科學性和藝術性都將下降

2. 從發生的時間順序看，下列四種管理職能的排列方式中符合邏輯的是（　　　）。

    A. 計劃，控制，組織，領導　　B. 計劃，領導，組織，控制

    C. 計劃，組織，控制，領導　　D. 計劃，組織，領導，控制

3. 群體決策與個人決策各有優缺點，因此，需根據實際情況選擇相應的決策方式。在下列幾種情況中，一般不採用群體決策的是（　　　）。

    A. 確定長期投資　　　　　　B. 決定一個重要的人事安排

    C. 簽署一項產品銷售合同　　D. 選擇某種新產品的上市時機

4. 在人力資源管理中，對不同的職位，對申請人的甄選方法有不同。甄選高層管理者最常用的方法是（　　　）。

    A. 筆試　　　　　　　　　　B. 面談

    C. 履歷調查　　　　　　　　D. 工作抽查

5. 據有關資料，語言表達作為溝通的有效手段，可分為體態語言、口頭語言和書面語言，它們所占比例分別為50%、43%、7%。根據這一資料，你認為下列幾項中正確的觀點是（　　　）。

    A. 這一資料錯誤，書面語言才是常用的

    B. 體態語言太原始，可不予重視

    C. 體態語言費解，還是口頭語言好

    D. 體態語言在溝通中起著很重要的作用

6. 某公司生產某種產品的固定成本為15萬元。除去固定成本外，該產品的單位變動成本為2.5元，售價為7.5元。該產品剛好收回成本的產銷量為（　　　）。

    A. 30,000件　　　　　　　　B. 20,000件

    C. 25,000件　　　　　　　　D. 50,000件

7. 企業管理者的管理幅度是指他（　　　）。

A. 直接管理的下屬數量　　　　B. 所管理的部門、單位數
　　C. 所管理的全部下屬數量　　　D. B 和 C

8. 按照菲德勒的權變領導理論，影響領導方式有效性的環境變量是（　　　）。
　　A. 職位權力　　　　　　　　　B. 任務結構
　　C. 上下級間的關係　　　　　　D. 以上三者

9. 一家公司的職員在工作中經常接到來自上面的兩個、有時甚至是相互衝突的指令，其原因是（　　　）。
　　A. 該公司的組織設計採用了職能制結構
　　B. 該公司在組織運行中出現了越級指揮
　　C. 該公司組織運行中違背了統一指揮原則
　　D. 該公司的組織層次過多

10. 在組織的決策中，人們只要求選擇滿意的方案而不刻意追求最優化。這是因為（　　　）。
　　A. 客觀上不存在最優化方案
　　B. 常常由於時間太緊，來不及尋找最優方案
　　C. 管理者對未來很難做出「絕對理性」的判斷
　　D. 人們對於最優化的理解難以形成共識

11. 某公司的管理者整天忙於「救火」，解決現場的緊急問題。這時他應當抓緊做的事是（　　　）。
　　A. 修訂控制標準　　　　　　　B. 衡量實際績效
　　C. 組織更多的人採取糾正措施　D. 認真分析問題產生的原因

12. 某企業的一位管理者對其下屬常常說：「不好好干回家去，干好了月底多拿錢。」可以認為，這位管理者將其下屬看成（　　　）。
　　A. 只有生理需要和安全需要的人
　　B. 只有生理需要和歸屬需要的人
　　C. 只有安全需要和歸屬需要的人
　　D. 只有安全需要和尊重需要的人

13. 中層管理者有許多職責，下列事項中不屬於中層管理者的職責的是（　　　）。
　　A. 與下級談心，瞭解下級的工作感受
　　B. 親自制定考勤方面的制度
　　C. 經常與上級溝通，瞭解上級的要求
　　D. 對下級工作給予評價並反饋給本人

14. 張寧在一家軟件公司工作，非常勤奮，最近與組內同志奮戰了三個

月,開發出一個系統,領導十分滿意。有一天,張寧領到領導發給的豐厚獎金,非常高興;但當他在小組獎金表上簽字時,看到別人的獎金,臉卻陰沉下來。最能說明這種情況的激勵理論是( )。

  A. 需要層次理論   B. 雙因素理論

  C. 期望理論   D. 公平理論

15. 如發現一個組織中小道消息多而正式渠道的消息較少。據此,你認為該組織存在的問題是( )。

  A. 非正式溝通信息傳遞通暢,運作良好

  B. 正式溝通信息傳遞不暢,需要調查

  C. 部分人喜歡在背後發議論,傳播小道消息

  D. 充分運用了非正式溝通渠道的作用

16. 按照領導者運用職權方式的不同,領導方式可分為專制、民主與放任三種類型。其中民主方式的主要優點是( )。

  A. 管理規範,紀律嚴格,賞罰分明

  B. 按規章管理,領導者不運用權力

  C. 員工具有高度的獨立自主性

  D. 員工關係融洽,工作積極性高

17. 俗話說「一山難容二虎」,從管理的角度看,這意味著( )。

  A. 領導班子中如有多個固執己見的人,會降低管理效率

  B. 需要高度集權的組織不允許有多個直線領導核心

  C. 組織中的能人太多,會增加內耗,導致效率下降

  D. 組織中不允許存在多種觀點,否則會造成管理混亂

18. 某生產環保設備的公司發展迅速,但一直實行較強的集權。在下列情況中,最有可能使公司改變其集權傾向的是( )。

  A. 宏觀經濟發展速度加快   B. 公司經營業務範圍拓寬

  C. 市場對產品的需求下降   D. 國家發布了新技術標準

19. 某公司下屬分公司的會計科科長要向該分公司經理報告工作,又要遵守總公司財務經理制定的會計制度。這位會計科的直接主管是( )。

  A. 總公司財務經理   B. 總公司總經理

  C. 分公司經理   D. 總公司財務經理和分公司經理

20. 某廠定有嚴格的上下班制度。一天深夜突降大雪,次日清晨許多同志上班遲到了,廠長決定對此日遲到者免予處分。對此,廠內職工議論紛紛。在下列議論中你認為有道理的是( )。

  A. 廠長濫用職權

  B. 廠長執行制度應徵求多數職工的意見

C. 廠長無權隨便變動工廠的制度

D. 規章制度有一定靈活性，特殊情況可以特殊處理

二、多項選擇題（每小題2分，共20分）

1. 現代管理理論有幾個突出觀點，它們是（　　　　　）。
　　A. 系統觀點　　　　　　　　B. 權變觀點
　　C. 文化觀點　　　　　　　　D. 人本觀點
　　E. 創新觀點

2. 企業為了履行其社會責任，首先要監測外部環境對它的要求。監測方法有（　　　　　）。
　　A. 社會調查和預測　　　　　B. 輿論調查
　　C. 社會問題調研　　　　　　D. 社會審計
　　E. 戰略監視

3. 組織文化的正面作用可歸納為（　　　　　）。
　　A. 導向作用　　　　　　　　B. 控製作用
　　C. 激勵作用　　　　　　　　D. 協調作用
　　E. 自我約束作用

4. 確定型決策的主要方法有（　　　　　）。
　　A. 直觀判斷法　　　　　　　B. 量本利分析法
　　C. 差量分析法　　　　　　　D. 最大可能法
　　E. 機會均等法

5. 計劃工作的任務主要是（　　　　　）。
　　A. 確定目標　　　　　　　　B. 分配資源
　　C. 職務設計　　　　　　　　D. 組織業務活動
　　E. 提高效益

6. 處理企業中直線人員與參謀人員的矛盾的常用方法包括（　　　　　）。
　　A. 明確各自的職責和職權
　　B. 可在必要時授予參謀人員職能職權
　　C. 為參謀人員提供必要的工作條件
　　D. 對參謀人員的工作實行嚴格控制
　　E. 適時地對兩類人員加以輪換

7. 中國採用的基本工資制度包括（　　　　　）。
　　A. 等級工資制　　　　　　　B. 崗位工資制
　　C. 結構工資制　　　　　　　D. 計時工資制
　　E. 浮動工資制

8. 領導者有效地管理自己的時間的領導藝術主要有（　　　　　）。

A. 巧妙安排時間計劃　　B. 當日的工作盡量當日做
   C. 充分利用自己的時間　　D. 以身作則，為人表率
   E. 盡量避免無效的工作或重複的活動
9. 非預算控制的方法有（　　　）。
   A. 親自觀察　　B. 報告
   C. 盈虧平衡分析　　D. 時間、事件、網路分析
   E. 內部審計與控制
10. 按溝通方式，信息溝通可分為（　　　）。
    A. 單向溝通　　B. 雙向溝通
    C. 口頭溝通　　D. 書面溝通
    E. 體態語言溝通

三、判斷分析題（每小題2分，共10分）

1. 勞動分工能提高工作效率，分工越細則效率越高。
2. 人們很難獲得最優決策，只能接受滿意決策，而滿意決策完全取決於決策者的主觀判斷，所以結果往往是「走一步，看一步，摸著石頭過河」。
3. 領導即使做好了對下屬的激勵工作，也不一定會顯著提高工作業績。
4. 非正式組織的存在，不但無法禁止，而且有其積極作用。正確的態度是適當引導，使其目標同組織目標一致起來。
5. 在管理幅度一定的條件下，企業規模越大，則管理層次越少；在企業規模一定的條件下，管理幅度越小，則管理層次也越少。

四、簡答題（每小題5分，共10分）

1. 簡述直線-參謀制組織形式的優缺點。
2. 在當前，強調工商企業的社會責任和倫理道德有何現實意義？

五、論述題（每小題10分，共20分）

1. 試述風險型決策常用的決策樹法的基本原理。
2. 試論赫茨伯格「雙因素理論」的要點及其與馬斯洛「需要層次理論」之間的聯繫。

六、案例分析題（20分）

家用收音機電視公司

羅伯特‧蓋茨於20世紀30年代在底特律創辦了一家小型收音機廠。該廠後來發展成了全國最大的收音機、電視機和類似產品的製造公司之一。在1965年，公司年銷售額達3億美元，擁有雇員1.5萬人，生產基地10處。

在公司的整個發展過程中，公司創辦人始終保持著積極主動、富於想像的活力。在公司發展初期，每個管理人員和工人都認識創辦人，創辦人也認識他

們中的多數人。甚至在公司發展到相當規模以后，人們還能認識創辦人和總經理。這種人與人之間的強烈的忠誠感使得公司至今未成立工會。

然而隨著公司的發展，蓋茨先生擔心公司會失掉「小公司」的精神。他也擔心信息溝通方面正在出現的問題：公司中許多人不瞭解他的目標和經營哲學，由於彼此不通氣，造成大量的重複勞動，使新產品開發和市場營銷都蒙受了損失。他覺得自己已經難以同人們溝通了。

為了解決溝通問題，蓋茨雇用了一名溝通主管，由他直接領導。他們共同研究並採用了其他公司採用的一些溝通手段：在各廠的各辦公室裡設立一塊記事板；辦一份生機勃勃的公司報，刊載許多有影響的公司和人員的新聞；向每位雇員發一本《公司一覽》，使其瞭解公司的重要信息；定期公布分享紅利的信；在公司開設溝通課程；100名高層經理每月到公司總部開一天會；1,200名各層次的管理者每年到一旅遊勝地開三天會；組織許多委員會討論公司事務等。

在花費了大量的時間、精力和費用之後，蓋茨先生失望地發現，他的溝通問題和「小公司」情感問題依然存在，他的計劃並未產生有意義的結果。

分析問題：

1. 你認為蓋茨先生為什麼會失望？蓋茨想通過溝通來保持「小公司」精神，你認為這一想法是否恰當？

2. 你覺得該公司真正的溝通問題是什麼？你對公司內部的溝通將提出什麼建議？

各章練習題參考答案要點

第一章練習題參考答案要點

(一) 單項選擇題
1. A　　　2. D

(二) 多項選擇題
1. A B C E　　　2. A B C D

(三) 判斷分析題
1. 錯誤
一切社會組織為了順利進行其業務活動，充分利用其資源，實現其預期目標，都必須加強管理。

2. 正確
同數學、物理學等「精確的」科學相比，管理學是一門「不精確的」科學，這是由社會組織、社會現象極為複雜多變的特點所決定的。

(四) 簡答題
1. 管理理論產生於管理實踐，並要接受管理實踐的經驗；經過管理實踐檢驗證明是正確的管理理論，又可以指導管理實踐。

2. 管理學的實踐性很強，學習管理學是為了應用於管理實踐，提高管理水平和管理效益，不是單純的理論研究，所以說管理學是一門應用科學而非理論科學。

(五) 論述題
1. 按第一章「重點難點解析」中第四個問題的要點來回答。
2. 按第一章「重點難點解析」中第七個問題的要點來回答。

(六) 案例分析題
案例1
1. 聽眾的反應肯定是多種多樣的。從未接觸過管理而對技術有迷信的人不會讚同法約爾的觀點，至少認為他把管理的作用誇大了。接觸過或正在從事管理工作的人則可能讚同法約爾的觀點。由於法約爾所言是科學的，讚同他的

觀點的人將逐漸增多。

2. 法約爾在此次演說中講到管理的責任，實際是提出了計劃、組織（人事）和協調三項職能。后來在他的著作中，法約爾又補充了指揮和控制，構成管理的五大職能。

3. 可各自闡述自己的觀點。

案例2

1. 自己組織培訓比起送人出去受訓，最大的優點是能更好地切合本公司實際，增強培訓效果；雷先生僅著眼於節約一些費用，說明雷並非一位高素質的領導人。按照雷先生節約費用的觀點，他只會對最能節省費用的方案感到滿意。

2. 胡克光提出的兩個規劃，一個是管理學的內容，另一個則是專業管理的內容。一般說來，學習管理應當從學習管理學起步，但這也要看具體情況。如該公司中層管理者都已基本熟悉本職工作（即各自專業管理的基本要求），培訓的主要目的是提高水平，則可先學管理學，再學專業管理。反之，如相當多的中層管理者還不很熟悉本職工作，則宜先學專業管理，以應急需，以后再學管理學。

3. 組織培訓，除制定學習內容的規劃外，還涉及培訓形式（半脫產或業余學習）、培訓時間、地點、師資、經費、教學用具等問題，需要為此採取一些措施。

第二章練習題參考答案要點

（一）單項選擇題
1. D   2. C

（二）多項選擇題
1. A B C E   2. C D

（三）判斷分析題
1. 正確
古典管理理論都只研究組織內部的管理問題，未考慮外部環境，所以他們實際上將組織看成一個封閉系統。

2. 錯誤
權變學派的管理理論並未批判古典管理理論的「經濟人」假設，而是批判該理論認為世界上存在適用於一切情況的管理的「最佳方式」。

（四）簡答題
1. 對泰羅科學管理理論的評價應一分為二：它鼓吹勞資合作，說生產率

提高了，勞資雙方都受益，就不去計較盈余的分配問題，這是騙人的，實際是加重了資本對勞動的剝削，這就反應了泰羅本人的資產階級立場觀點；另一方面，它主張管理要用科學研究的方法，不應單憑經驗辦事，這又是它的歷史性貢獻，它使管理走上科學的軌道。

2. 經驗學派突出強調管理的實踐經驗的作用，主張管理工作應從實際出發，著重研究管理經驗，在一定條件下可將這些經驗上升為理論或原則；但更多的情況下，是將它們直接傳授給管理者，由他們依據實際情況靈活選用。

（五）論述題

1. 按第二章「重點難點解析」中第十五個問題的要點來回答。
2. 按第二章「重點難點解析」中第十七個問題的要點來回答。

（六）案例分析題

案例1

1. 勞動分工是有利於提高生產率的，但分工不宜過細，有時培養員工成為多面手，使其能勝任多項工作，反而有利於勞動力調配。

大規模生產是有經濟性的，但規模過大（超出了經濟規模）反而不經濟。

此案例說明了任何事情都不可能絕對化，理性分析是必要的，但不能迷信或濫用理性。這也正是組織文化理論的「非理性傾向」。

2. 無論公司規模大小，管理對於一切公司都是極端重要的。就本案例而言，汽車品牌的控制，勞動力的培訓和使用，都是管理問題。小公司控制和使用得好，就能取得好的效益；大公司控制和使用得不好，其效益就下降。通用、福特等的「大公司心態」屬於企業文化方面的問題，而去除不利於公司發展的文化，塑造有利於公司發展的新文化，也是管理者的責任。可以說，企業的興衰成敗在很大程度上同它的管理有關。

案例2

1. 麥當勞公司認為同時保持全球性和地方性是有可能的，這一觀點非常正確。作為一個國際性經營的特大型企業，它涉足許多國家市場，同許多國家的競爭對手相競爭，因此，必須考慮各個國家市場和競爭對手的特點，採取適應當時當地消費習慣的措施。尤其是飲食企業，各國各地人民的口味肯定不一樣，更需要適應他們不一樣的口味。這便是保持「地方性」的理由。但與此同時，也要注意堅持公司的「全球性」，即在公司的基本產品、質量標準、公司文化等方面保持統一的特色，做到經久不衰。麥當勞在美國辦有大學，其特許連鎖店的經營者都必須去該大學就讀，學習公司的統一的標準和規範，並在各自的經營中堅持下去，這就是保持「全球性」的必要措施。所以同時保持全球性和地方性是有可能的。

2. 麥當勞在保持全球性的同時採取「地方性」的措施，正是權變觀的運

用。權變觀要求我們做事必須從實際出發，具體情況具體分析，靈活機動而不是一成不變或千篇一律。我認為麥當勞公司之所以能在全球迅速發展並獲得成功，同它的權變觀的運用有很大關係。

第三章練習題參考答案要點

(一) 單項選擇題
1. B　　　　2. D
(二) 多項選擇題
1. ABCDE　　2. BCDE
(三) 判斷分析題
1. 錯誤
任何社會組織都是社會的一個細胞，其所處環境中都有社會公眾因素，他們都要接受社會公眾的監督。
2. 正確
任何組織都應當誠信待人，誠信經營，反對坑蒙拐騙，這是倫理道德的重要內容。
(四) 簡答題
1. 組織擁有的資源數量表明組織的規模，規模不同的組織，其管理形式和方法就不同；組織擁有的資源質量基本上決定了組織素質的高低，其管理形式和方法也應著重考慮。因此，組織的資源對其管理有很大影響。
2. 組織外部環境的不確定性決定於以下兩個因素：①複雜性，指環境所含因素的多少及其相似性，可分為同質環境和異質環境；②動態性，指環境因素的變化速度及其可預測程度，可分為穩定環境和不穩定環境。將兩因素結合起來，可劃分出四種類型的組織環境。
(五) 論述題
1. 按第三章「重點難點解析」中第一個問題的要點來回答。
2. 按第三章「重點難點解析」中第八個問題的要點來回答。
(六) 案例分析題
案例1
1. 改善勞動者工作條件，保障勞動者的權益，毫無疑問，屬於企業的社會責任，而且是法律責任。這是因為在《中華人民共和國勞動法》中對這些要求都做出了規定，不按要求去做就是違法。
2. 對於工作條件惡劣的血汗工廠，必須採取堅決措施加以糾正，不管它是否為當地做出了貢獻。

（1）在調查研究的基礎上，指明該廠在工作條件方面存在的問題，並限期整改；

（2）跟蹤檢查該廠在改善工作條件方面的進展情況，如到期仍未明顯改善，就責令停產；

（3）對工廠停產后的遺留問題（如工人的安排）進行妥善處理。在該廠未徹底改善其工作條件之前，絕不準許其恢復生產。

案例2

1. 不能同意反對方的論點，因為社會責任是一切企業都應當承擔的，中小企業不能例外。

2. 企業的社會責任包括經濟的、法律的、倫理的、自選的四種責任，其中最基本的是經濟的、法律的責任，即守法經營，為國家社會做貢獻。中小企業難道不應當承擔這樣的社會責任嗎？至於倫理的責任，那是指雖無法律規定但卻是社會公眾強烈期望的倫理道德的行為，中小企業自然也應當擔負起這一責任，以符合社會公眾的期望。自選責任則是並非法律規定或公眾期望，卻是企業自願贊助的公益性活動，這是企業可以量力而為的。

現在反對方以企業規模小、能力弱、財力有限為由而拒絕承擔社會責任，那是因為他們未弄清社會責任的內涵。中小企業在自選責任上可以量力而為，但對經濟的、法律的、倫理的責任卻是義不容辭的。

第四章練習題參考答案要點

（一）單項選擇題

1. D   2. B

（二）多項選擇題

1. ACD   2. ABCDE

（三）判斷分析題

1. 正確

組織文化確實對組織的發展既有正面作用又有負面作用。我們應當揚長避短，趨利避害。

2. 錯誤

本國設在外國的分支機構總得招聘當地員工，總得同當地政府、社區、公眾打交道，所以儘管由本國人擔任高級主管，仍然會出現文化衝突。

（四）簡答題

1. 組織文化的正面作用包括導向作用（對組織的經營管理起指導作用）、協調作用（文化的共有性使人們的思想行為易於協調一致）、激勵作用（和諧

的人際關係環境對員工有持久的激勵）和自我約束作用（文化會形成員工的自我約束能力）。

2. 按第四章「重點難點解析」中第五個問題的要點來回答。

(五) 論述題

1. 按第四章「重點難點解析」中第六個問題的要點來回答。

2. 按第四章「重點難點解析」中第八個問題的要點來回答。

(六) 案例分析題

案例

1.「大個子吉姆」在 RMI 公司推行的正是一種新的組織文化，其主要內容包括：管理要以人為中心，管理者要關心人、尊重人，人們要相互尊重、和諧共處，與工會要搞好關係、友好相處，營造良好的人際關係以發揮組織文化對員工的持久激勵作用，等等。

2. 新的組織文化之所以能使公司取得巨大成功，原因在於它充分發揮了對員工的激勵、協調和自我約束等正面作用。人際關係改善了，員工的心情就舒暢了，幹活就有勁了，生產率就上升了，企業的效益就能夠得到改善。用我們的話來說，這就是「精神轉化為物質」的生動例證。

第五章練習題參考答案要點

(一) 單項選擇題

1. C　　　　2. A

(二) 多項選擇題

1. B D E　　　2. A B

(三) 判斷分析題

1. 錯誤

組織的業務決策常屬於確定型決策，而戰略決策一般屬於風險型或不確定型決策，管理決策則三種決策兼而有之。

2. 錯誤

在典型的決策過程各階段中，只有確定目標和選擇方案兩個階段基本上是決策者的個人行為，其餘四個階段都是廣大員工參與的活動，凝聚著員工集體的智慧和勞動。

(四) 簡答題

1. 參考第五章「重點難點解析」中第二個問題的要點，可以各抒己見。

2. 應當承認這一說法非常正確，因為「議論紛紛」才能揭露矛盾的方方面面，考慮到盡可能多的情況和問題，供我們研究、分析和判斷，這樣才能保

證決策的正確性；反之，如「眾口一詞」，則會導致矛盾揭露不充分，問題考慮不周到；匆忙決策，錯誤難免。

(五) 論述題

1. 按第五章「重點難點解析」中第六個問題有關滿意原則的要點來回答。
2. 按第五章「重點難點解析」中第九個問題有關量本利分析法的要點來回答。

(六) 計算題

1. 已知電視機銷售單價為 1 萬元/臺，單臺變動成本為 0.6 萬元/臺，應分攤固定成本為 400 萬元。於是：

盈虧平衡時的銷售量（產量）＝ $\frac{400}{1-0.6}$ ＝1,000（臺）

盈虧平衡時的銷售額（產值）＝1,000×1＝1,000（萬元）

計劃銷售（生產）2,000 臺時的利潤＝2,000×(1－0.6)－400＝400（萬元）

2. 據已知條件，該廠是在進行有關投資建車間的風險型決策，可採用決策樹法。

先繪製決策樹：

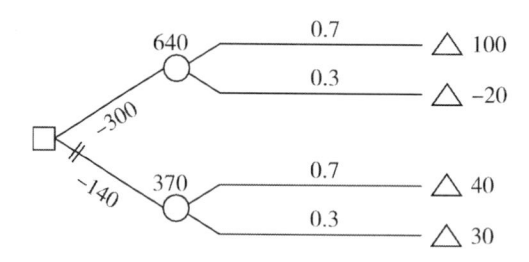

再計算各方案的平均期望值：

大車間方案的平均期望值＝[100×0.7+(－20)×0.3]×10＝640(萬元)

小車間方案的平均期望值＝(40×0.7+30×0.3)×10＝370(萬元)

再計算扣除建設投資后的效益：

大車間方案的效益＝640－300＝340（萬元）

小車間方案的效益＝370－140＝230（萬元）

於是將兩方案作比較，如不考慮其他因素，則大車間方案為滿意方案，小車間方案被捨棄（剪枝）。

3. 據已知條件，該企業是在進行不確定型決策，要求採用最大最小值法和最小后悔值法。

先採用最大最小值法來決策。推向四個不同市場的方案的最小值分別為－20 萬元、－10 萬元、－40 萬元和－5 萬元，其中，D 方案的最小值（－5 萬元）為最大，於是選擇 D 市場為滿意方案。

再採用最小后悔值法來決策。首先計算后悔值如下表所示。

后悔值（萬元）自然狀態 市　場	銷路好	銷路一般	銷路差	最大后悔值
A	50	10	15	50
B	70	30	5	70
C	0	0	35	35
D	75	35	0	75

比較各市場方案的最大后悔值，其中最小者為 35 萬元，對應方案為 C，於是選擇 C 市場為滿意方案。

（七）案例分析題

案例 1

1. 為了做出這一艱難的決策，該印刷廠必須對廠內外環境進行大量的調研和預測。

在外部環境方面主要有：

（1）本地的插頁業務和專業印刷的市場容量及其近期內的發展前景（著重是專業印刷）；

（2）附近地區的插頁業務和專業印刷的市場容量及其近期內的發展前景（重點是專業印刷）；

（3）本地及鄰近地區同行業廠家的市場份額分佈情況；

（4）如本廠擴大專業印刷，則競爭態勢將如何變化，競爭對手將作何反應？

（5）如本廠擴大專業印刷，則所需原輔材料（如紙張、油墨等）有無穩定供應來源？

（6）如本廠擴大專業印刷，則會面臨多大的資金缺口，能否請金融機構解決？

在內部環境方面主要有：

（1）現有工人中掌握專業印刷技術的有多少，如擴大專業印刷，人手是否足夠，是否需要培訓新手？

（2）現有機器設備中能擔負專業印刷業務的有多少？如擴大專業印刷，設備能力是否足夠，是否需要增添設備，有無能力增添？

（3）現有研發力量是否強大？如擴大專業印刷，研究設計人員是否足夠，是否需要補充？

上述兩方面的調研和預測，重點是考察如擴大專業印刷，有無市場需求，

主客觀條件是否具備。

2. 目前的形勢很清楚，插頁業務和專業印刷兩種產品都不能放棄，為了提高企業的銷售利潤率，就需要調整產品結構，增加利潤率較高的專業印刷在銷售額中的比重，相應降低利潤率較低的插頁業務的比重，例如將現有的 30：70 改變為 40：60 或 50：50。但是產品結構將如何調整，則主要取決於專業印刷的產銷量能擴大到多少。所以廠長的決策將決定於調研的結果，而不能憑主觀願望。總之，應當根據專業印刷產銷量的增長適當減少插頁業務，而不能讓生產能力閒置。

3. 為了提高銷售利潤率，增加盈利，除了上述調整產品結構的辦法之外，還應當採取多方面的降低產品成本的措施。因為售價不變而成本下降，利潤就增多，銷售利潤率就提高了。

案例 2

1. 隨著科技的進步和市場需求的日益多樣化，擴大產品品種、開發新產品是十分必要的。如長期抱著老產品不放，就有被市場淘汰的危險。

來自全球各地的經銷商們敦促公司開發新產品，擴大產品品種，可能他們已看到別家公司的新產品，而本公司的產品已顯得陳舊老化，缺乏競爭力。但是公司總裁卻尚未察覺到這一點。因此，他需要迅速開展調研，瞭解當前全球市場情況和科技進步情況，出現了多少新發明、新技術、新產品，本公司產品是否已面臨威脅，並盡快做出決策。

2. 經過調研，如發現本公司產品確已面臨威脅，就應盡快開發新產品；如發現公司產品暫時尚未受到威脅，也應當吸收新發明、新技術加以改進，提升其競爭力，同時組織力量開發新產品作為技術儲備，一旦需要，即可立即投放市場。

第六章練習題參考答案要點

（一）單項選擇題
1. B   2. B
（二）多項選擇題
1. C D E   2. A B D E
（三）判斷分析題
1. 錯誤

組織制定其目標，一般應先定長期目標，再定中、短期目標，以「長」指導「短」，以「短」保證「長」。

2. 正確

戰略規劃是關係組織興衰成敗的長遠的、全局性的謀劃的規劃，確實是一切組織所必需。

（四）簡答題

1. 按第六章「重點難點解析」中第二個問題的有關部分要點來回答。
2. 按第六章「重點難點解析」中第八個問題的要點來回答。

（五）論述題

1. 按第六章「重點難點解析」中第五個問題的要點來回答。
2. 企業總體戰略規劃著重謀劃其發展方向和經營業務組合。

經營單位戰略規劃則是在企業總體規劃指導下對本經營單位的競爭戰略所做出的規劃。

（六）案例分析題

案例1

1. 李平所聽到的有關戰略規劃的異議都是站不住腳的。

外部環境確實存在不確定性，但客觀事物的發展又有其內在的規律性。通過反覆調研，這一內在規律性是可以逐步認識到的，從而可以預測事物的發展變化而制訂戰略、規劃和計劃，而且我們還有應對未預測到的變化而制定的權變措施。借口不確定性而否定規劃和計劃，那麼人們就只能盲目地幹事了。

不能把規劃同實幹對立起來，規劃也是實幹，而且是為了更好地實幹。不要規劃的所謂實幹，只能是瞎幹、蠻幹。

做長遠規劃，是為了更好地指導短期計劃和日常決策，使日常決策更有效、更正確。至於說「沒有時間」，那是借口，時間是擠出來的。

2. 李平完全有可能使各級管理人員接受戰略規劃觀念，不過，他需要做大量的宣傳教育工作，以轉變人們長期形成的舊觀念。只要工作耐心細緻，持久深入，陳舊觀念是能夠轉變的，所以他用不著撤換大多數管理幹部特別是高級管理幹部。當然，也可能有個別幹部思想僵化，始終不肯轉變陳舊觀念，那就作組織處理好了，個別調整無傷大局。

3. 為了推行戰略規劃，在組織機構上恐怕需要成立專職機構（如辦公室之類）；在程序上首先是抓宣傳教育，待多數人思想轉變之後再按戰略規劃制定和實施的程序步驟去進行；在人事上著重從青年人的教育開始，青年人朝氣蓬勃，容易接受新鮮事物，很快就可能成為工作骨幹；此外，在宣傳教育上還可借助外單位人員來介紹先進經驗。

案例2

1. 「隆中對」將當時天下形勢看作一個系統，下轄曹操、孫權、劉表（荊州）、劉璋（益州）和劉備五個子系統，並分析了各子系統的情況和問題，

規劃出「三國鼎立」的藍圖，所以它符合系統論的思想方法。

2.「隆中對」為劉備制定了一個先求生存、再謀發展的戰略決策，包括三個實施步驟：

第一步，跨有荊益，與曹、孫二家形成鼎足之勢。

第二步，保其巖阻，西和諸戎，南撫夷越，外結好孫權，內修政理，借以鞏固地盤，積蓄力量。

第三步，天下有變，則出動荊益二州的兵馬去奪取天下，復興漢室。

3.「隆中對」制定的戰略決策得到了部分的實現。第一步完全實現了，劉備入川建蜀國，與魏、吳抗衡。第二步部分實現，但由於與孫權交惡，關羽戰死，荊州淪陷，接著劉備率兵報仇，大敗，死於白帝城，這一戰略就終止了。第三步完全未實現。

這一戰略之所以中斷，原因在於關羽未能正確實施聯孫抗曹的正確決策，而同時與孫、曹為敵，結果戰敗而死，荊州失陷，劉備又接著戰敗而死。這一事例生動地說明戰略規劃與戰略實施之間的關係：正確的規劃需要有正確的實施，如果不能正確實施，則無論多麼正確的規劃也沒有用。諸葛亮的「一對足千秋」，竟然未能完全實現，可悲可嘆！

第七章練習題參考答案要點

（一）單項選擇題

1. A　　　2. B

（二）多項選擇題

1. A B C D　　2. A B D E

（三）判斷分析題

1. 錯誤

在直線-參謀制的組織結構中，作為管理者的助手的參謀機構無權指揮其下級管理者，以保證管理者的統一指揮。

2. 錯誤

在設計職務時，只應因事設職而不能因人設職。因事設職是按照業務活動的實際需要。而因人設職則是根據現有人員的需要，有人就得有職，易導致機構臃腫、人浮於事。

（四）簡答題

1. 按第七章「重點難點解析」中第三個問題的要點來回答。

2. 按第七章「重點難點解析」中第十四個問題的有關要點來回答。

（五）論述題

1. 按第七章「重點難點解析」中第二個問題的有關要點來回答。
2. 按第七章「重點難點解析」中第十二個問題的要點來回答。

（六）案例分析題

案例 1

1. 唐文在 1983 年按現實情況繪出的組織圖反應了公司創立初期沒有正式的組織結構的特點；老板根據經營業務發展需要招聘一些人員充當他的助手，分管一定的業務，他們都直接聽命於老板，相互是各不相干的；老板的妻子兒女（哪怕年幼不管事）都身居高位，既突出家族式企業特點，又表明老板的獨斷專行。

這個組織形式的優點是老板指揮統一，溝通簡化，能迅速適應環境和員工能力的變化，靈活機動地採取對應措施。

缺點是老板的管理幅度大，且高度集權，難免顧此失彼，出現失誤；業務人員相互間的溝通協調差，一切都通過老板來拍板；老板家屬身居高位，又不管事，必然招致員工不滿。

2. 唐文在 1985 年設計的組織圖基本上是按直線－參謀制形式繪製的，反應了他繼任總經理后企圖建立正式組織結構的願望。

該組織圖的優點是：①將各個業務人員按業務性質適當分類歸組，建立機構，縮小了總經理的管理幅度，有利於他有更多精力抓大事；②業務人員適當歸組后，利於他們相互間的溝通協作；③家族成員調離高位，改任顧問，利於平息員工的怨言。

缺點是公司規模不大，却設四個管理層次（從銷售情報部來看），似乎多了些。如將商店管理處長改為銷售情報部副經理，由他直接管理各商店，則可減少一個層次。

3. 唐文要改革組織結構，可能遇到的問題有：①家族成員可能不願離開高位去充當顧問；②原來的業務人員都是聽命於老板的，相互間的地位是平等的，現要分設部、處，部領導處，則誰當部經理，誰任處長，必然會引起矛盾；③調某些高級職員去當顧問，也可能遇到障礙。

唐文的改革應當有步驟地去實施：①首先要說服家族成員，讓他們支持改革；②先不急於宣布新設計的組織圖，而是向業務人員宣傳改革的必要性，並動員他們提出改革方案，然后在綜合各建議方案的基礎上設計出組織圖（此圖可能較他個人設計的圖更好）；③有計劃地實施新的組織圖。唐文打算用一年時間完成改革，這一設想是正確的。

案例 2

1. 從員工的答案看，這家公司在組織結構上還存在下列問題：①作業人

員很難從管理人員處接收到明確的工作任務和工作所需的信息，這很可能是管理人員的失職，也可能是管理人員自身也未獲得明確的任務和工作信息（這就是管理部門之間的信息溝通問題）；②有些規章制度不夠合理，需要修改；③有些管理人員權責不對等，責大權小；④管理人員相互間的信息溝通不暢；⑤計劃工作有缺陷，綜合平衡不夠。

人事部主任應當將這些問題如實反應，並提出改進建議。廠長的解釋是不準確的。

2. 有了組織圖，並不能保證有良好的組織結構。這是因為：①組織圖只反應組織結構中的一部分內容而非全部；②就組織圖所反應的那部分內容來說，不能保證都是科學合理的；③就組織圖未能反應的那部分內容來說，組織圖更加無法保證都是科學合理的。即以本案例而言，員工們所反應的權責問題、信息溝通問題、規章制度問題等，都不是組織圖反應的內容，所以不能責怪組織圖。

3. 應當由廠長牽頭，組織專職工作組，進一步調查研究組織結構中的問題，然後有針對性地採取措施加以解決。在此之前，可以責成相關部門針對廢品率高、設備停工率高、曠工率高等問題採取一些緊急措施，制止問題繼續發展下去。

第八章練習題參考答案要點

（一）單項選擇題

1. A　　　　2. B

（二）多項選擇題

1. ABCD　　　2. ABCDE

（三）判斷分析題

1. 正確

中國對員工的考評包括德、能、勤、績四方面，其中重點內容是績，即工作成績和貢獻。

2. 錯誤

中國現階段的分配原則是「以按勞分配為主體、多種分配方式並存」。因此，按勞分配就不是唯一的分配原則了。

（四）簡答題

1. 按第八章「重點難點解析」中第四個問題的要點來回答。

2. 按第八章「重點難點解析」中第十二個問題的有關要點來回答。

（五）論述題

1. 按第八章「重點難點解析」中第五個問題的要點來回答。
2. 按第八章「重點難點解析」中第六個問題的要點來回答。

（六）案例分析題

案例1

1. 王森既有晉升機會，又具備晉升的條件，理應得到晉升。現在因所在單位工作確實需要，又不可能晉升。我認為應當做王森的思想工作，並在職位和報酬上給予一定的補償，使他能安心地繼續在原崗位工作。張平作為他的頂頭上司，如不做王森的思想工作，又不設法給予一定補償，那工作方法就太簡單了，難以贏得下屬的心。

2. 假如我是王森，我將向張平作一申訴，並等待下次機會。假如等待時間過長，則考慮「跳槽」。

案例2

1. 這家公司（至少是何誼原所在的事業部）有忽視人員培養的傾向。作為經理助理，就只當作參謀人員使用，竟被完全排除在事業部經營之外，這是不對的。使用人和培養人是不能截然分開的，使用中就有培養。

2. 選拔何誼不一定是個錯誤。問題在於當何誼在新職位上遇到困難時，缺乏對他的指導和幫助，何誼本人也缺少領導方法和領導藝術，更未能虛心向他人求教，所以很快就下臺了。用人有一條原則：既要信任放手，又要指導幫助。這對於剛提拔的幹部來說尤為重要。其實，何誼遇到的幾個困難並不是非常嚴重的，只要領導人適時點撥一下，或者何誼自己虛心求教，問題即可解決。所以我認為，何誼之下臺，領導方面有責任，何誼本人也有責任。

第九章練習題參考答案要點

（一）單項選擇題

1. C　　　　2. A

（二）多項選擇題

1. ABCDE　　2. ABC

（三）判斷分析題

1. 錯誤

在研究領導者群體素質時提到的領導班子結構，是指班子成員在各種素質方面的組合情況。

2. 錯誤

「三結合」的領導方法是指為了解決生產技術（管理）難題，而將領導幹

部、技術（管理）人員和工人代表組成工作小組，聯合攻關。

（四）簡答題

1. 按第九章「重點難點解析」中第一個問題的有關部分要點來回答。
2. 按第九章「重點難點解析」中第九個問題的有關部分要點來回答。

（五）論述題

1. 按第九章「重點難點解析」中第四個問題的要點來回答。
2. 按第九章「重點難點解析」中第十一個問題的有關部分要點來回答。

（六）案例分析題

案例1

1. 總經理的人性假設顯然是「X理論」，因而採用專制獨裁的方式來領導，要求實行嚴格的監督控制。胡蓉的發言是基於「Y理論」的人性假設，因而建議採用民主的領導方式，以發掘職工的潛力。

2. 作為公司顧問，我將提出類似於胡蓉的建議，發動群眾大興調查研究之風，查找近期公司績效下降的主要原因，然後責成有關部門迅速採取措施，解決存在的問題。

案例2

1. 張雯的動機是好的，但她確實把激勵理論簡單化了，在運用理論時沒有從實際出發。工廠的員工各自的情況不同，從事的工作不同，因而有著不同的需要。例如有的對職務提升、受人尊重最感興趣，有的則對漲工資最感興趣。就本案例而言，服裝設計師屬於腦力勞動者和工程技術人員，其工作本具有挑戰性，所以要求他們經常開會，評議優劣，對他們而言實在是浪費時間。至於裁剪工、縫紉工等則屬於體力勞動者，技術水平有高有低。他們中有的重視受人尊重，有的却更重視工資獎金，現在單純從尊重需要考慮，肯定會招致重視工資獎金的那部分工人的不滿。看來，激勵計劃應針對不同員工採用不同的激勵方式，而且手續要簡化，會議評議等不宜過多。

2. 就目前情況看，停止執行張雯的計劃可能是必然的，但最好能有新的計劃去代替它。所以張雯應當盡快徵求各方意見，擬訂出新計劃，然后宣布停止執行原計劃。

第十章練習題參考答案要點

（一）單項選擇題

1. C 2. B

（二）多項選擇題

1. CD 2. ACE

(三) 判斷分析題

1. 錯誤

管理的控制職能是根據組織的目標、計劃制定控制標準，然后衡量計劃實際執行情況，發現與標準之間的偏差，查明原因採取措施，糾正偏差，以保證預定目標、計劃的實現，必要時也可以修訂預定的目標、計劃。

2. 錯誤

採用行政手段的直接控制並不比採用非行政手段的間接控制更加可靠和有效。

(四) 簡答題

1. 內部控制即自我控制、自定標準、自行控制。外部控制即他控，如下級受上級控制，被領導者受領導者控制。

2. 按第十章「重點難點解析」中第七個問題的要點來回答。

(五) 論述題

1. 按第十章「重點難點解析」中第三個問題的要點來回答。

2. 按第十章「重點難點解析」中第四個問題的要點來回答。

(六) 案例分析題

案例 1

1. 電力建設公司目前的預算控制系統存在以下問題：

（1）項目經理編製預算時只是參考過去類似工程項目的實際費用支出，再找出理由簡單予以放大，這是一種不從實際出發的錯誤做法，其結果往往使新編預算被遠遠高估。

（2）項目經理將新編預算報請公司的支出控制委員會審核，但該委員會的成員却對預算無興趣（或者還不熟悉），自然難盡審核之責，審核環節形同虛設。

（3）預算的實施必須加強跟蹤控制，發現問題及時糾正。但目前公司預算的執行似乎無人負責監控，以至施工團隊可以自行調整其工效、延長完工期限，而無人察覺。結果是大大高估的預算是實現了，公司却蒙受巨大的損失。

2. 我的建議將針對上述三個問題提出：

（1）要求項目經理改革其預算編製方法，從實際出發，編製出切實有效的預算。

（2）重組支出控制委員會，延聘公司內外對工程項目和費用預算都比較熟悉的人員參加，切實履行審核預算之責。

（3）指定項目經理和財務部門對預算的執行實施跟蹤控制，及時發現問題，採取措施糾正，以保證預算的實施，必要時也可以調整預算。

案例 2

1. 兩年的實踐說明該公司的計算機化會計系統未能達到預期的效果。這不能作為計算機化系統不如手工作業系統的證據，而是在計算機化系統的設計上出了問題：①可能公司與銷售服務中心尚未聯網，各中心仍然在用手工作業，甚至因換用新手，其工作效率反而比從前下降；②設計的業務信息過多過繁，以致管理者要查找自己所需的信息太費時間，反而不如從前的會計報表；③該系統的工作人員還不熟練，以至用人過多。

2. 現在最好的辦法是：①修改原來的系統設計，按經理信息系統和決策支持系統的要求，為各層次的管理者提供他們最需要的信息，有些不太重要的信息就刪減掉；②公司與銷售服務中心聯網，快速傳輸信息；③大力加強培訓，精簡數據處理中心和會計部門的人員。

第十一章練習題參考答案要點

（一）單項選擇題

1. C　　　　2. B

（二）多項選擇題

1. A B C D　　　2. A B C D E

（三）判斷分析題

1. 錯誤

一般理解的「和稀泥」是指無原則的調和。我們需要的靈活性是同原則性相結合的，是在不離原則的前提下採取求同存異、妥協讓步等方式化解矛盾衝突。

2. 錯誤

非正式溝通的特點是溝通速度快，消失也快，信息扭曲失真嚴重。

（四）簡答題

1. 一切工作都由人來進行，工作上的矛盾往往表現為人與人之間的矛盾，協調好人際關係有助於解決工作矛盾，所以說協調的實質是人際關係的協調。

2. 在決策過程中，人們發表多種不同的甚至針鋒相對的意見，議論紛紛，爭論不止，這便是建設性的矛盾和衝突。如果兩個單位之間因些許小事而鬧不團結，甚至吵架鬥毆，那便是破壞性的矛盾和衝突。

（五）論述題

1. 按第十一章「重點難點解析」中第二個問題的要點來回答。

2. 按第十一章「重點難點解析」中第十個問題的要點來回答。

（六）案例分析題

案例 1

1. 這次協調會是組織內部的協調，有工作協調和人際關係協調，主要是水平協調（廠級領導之間），也有垂直協調（主管生產的副廠長與機械加工車間主任之間），既可看作組織間的協調（不同職位的人代表著不同的部門），又可看作個人間的協調，難以嚴格區分。

2. 這次會議揭露出的矛盾可看作角色衝突。會議的參加者各有不同職位，代表著不同部門，工作內容和目標任務都不同。在問題面前，每個部門都想維護本部門的利益，減輕本部門的責任，這就必然產生角色衝突。這種矛盾和衝突帶有普遍性，在許多組織中都會遇到。

3. 作為廠長，如果只召開會議聽取匯報，那就很難判斷是非，做出決策。他必須深入生產第一線，直接聽取基層領導和工人群眾的意見，掌握第一手資料，發現主要矛盾所在，再回到會議上，他就心中有數了，也才能辨明是非，找到解決問題的辦法。

案例 2

1. 喬依斯剛從大學畢業，對公司狀況並不瞭解。為了分析公司的信息溝通問題，他有必要放下架子，深入各連鎖店，同經理和店員們談心，收集他們對公司總裁和副總裁等人的意見，然后分析歸納，才能發現問題所在。

從本案例提供的信息看，總裁是一位精明能幹的老板，頗為自信，因此，很可能有很大的架子，盛氣凌人，別人感到難以接近，也難以向他說心裡話。儘管他每週下商店走訪，但接觸店員不普遍，人們肯定對其敬而遠之。每兩週召開一次經理會，參加者看起來全神貫注，實際却並非如此，他們在會議上也很難暢所欲言。這樣必然導致信息溝通不暢，許多店員和一些經理不瞭解公司的使命和目標，公司政策未得到嚴格執行，店員們缺乏對公司的忠誠。

2. 作為喬依斯，應當在調研的基礎上針對發現的問題，提出改善信息溝通的建議。這些建議可能包括：①堅持互相尊重、平等合作的協調工作的原則，希望總裁、副總裁等都能放下架子，同經理、店員們談心；而且接觸面盡可能廣泛些，特別要去接觸對公司或自己有意見的那些人。②開會時要鼓勵大家暢所欲言，大膽發表意見，特別是不同的意見，如有問題不理解，一定要在會上弄清楚。③建立多樣化的溝通渠道和溝通網路，做到上情下達，下情上達，各類信息都能暢行無阻，對合理化建議給予特殊獎勵。

第十二章練習題參考答案要點

（一）單項選擇題

1. D　　　2. B

（二）多項選擇題

1. A C D E　　　2. C D E

（三）判斷分析題

1. 錯誤

創新具有高風險性與高效益性，二者呈正相關關係。

2. 錯誤

作為創新要素的信息資源來自組織的外部和內部，所以不應只重視外部信息。

（四）簡答題

1. 按第十二章「重點難點解析」中第一個問題的相關要點來回答。

2. 按第十二章「重點難點解析」中第二個問題的相關要點來回答。

（五）論述題

1. 隨著科技的進步和經濟、社會的發展，人們面臨的外部環境快速變化，國內外市場的競爭日益激烈，不創新則組織將很難生存和發展，因此，人們越來越強調創新的重要性。

對於是否將創新看成管理的一項職能，可以各抒己見。

2. 按第十二章「重點難點解析」中第五個問題的要點來回答。

（六）案例分析題

案例1

1. 創新者需具備的優秀品質有：①樹雄心，立壯志，勇於開拓進取，敢於走前人沒有走過的路；②意志堅強，百折不撓，雖經受多次的失敗挫折而不氣餒，繼續拼搏，直至成功；③艱苦奮鬥，有條件要上，沒有條件則因陋就簡、創造條件也要上。

2. 組織應當從人力、物力、財力上支持創新者，在時間和工作安排上給創新者以靈活性；當創新遭受失敗和挫折時熱情鼓勵創新者，並幫助他總結經驗教訓，繼續奮鬥；當創新取得成功時則根據其價值大小給創新者以應得的獎勵。

案例2

1. 廠長所說「創新也是為了提高效益」，這話完全正確，我們不能「為創新而創新」。這一觀點可引申到技術與經濟的關係，一切技術進步都是為了提

高經濟效益和經濟發展水平，不能有「單純技術觀點」，反對「技術與經濟兩張皮」。這一觀點也可推廣應用於非企業組織（如學校、醫院、政府機關等），在這些組織中同樣要鼓勵創新，而創新也是為了提高這些組織的社會效益（更好地培養人才、治病扶傷、為人民服務等）。

2. 從會議上各部門負責人都願在降低產品成本方面努力這一點來看，可以預料，在下次會議上，他們定能提出一些降低成本的方案或成果。我認為，只要成本能降到40元以下，就可以做出大批量生產的決策。在大批量生產后可獲得規模經濟效益，還可繼續尋找降低成本的途徑，產品成本將進一步下降。

3. 回答此問題要應用盈虧平衡分析中的邊際貢獻（產品單價與單位變動成本的差額）原理，邊際貢獻用於抵償固定成本，剩餘部分即為利潤。在特殊情況下（例如已有的訂貨已能利用生產能力的相當大部分時），接受新訂貨的定價可以低於其總成本，只要高於其變動成本（有邊際貢獻）就行，這叫作「特殊定價法」。這是因為當時固定成本已由原有訂貨分擔，新訂貨的邊際貢獻都可用於增加利潤。

結束語練習題參考答案要點

(一) 論述題

1. 參考「結束語」「重點難點解析」中第一個問題的要點來回答。

2. 參考「結束語」「重點難點解析」中第六個問題的要點發表自己的意見。

(二) 案例分析題

案例1

1. 對於「人才將變為競爭的焦點」這一說法，發表自己的看法。

2. 對於管理科學化，可聯繫管理既是科學又是藝術來理解，發表自己的看法。

案例2

1. 對此問題，可各抒己見，自行分析。

2. 傳統產業的企業同高新科技企業畢竟有所不同，特別是勞動密集型企業，科技含量和員工素質都要低些。因此，如想運用這裡所說的原則，一定要結合具體情況權變處理，切忌照搬照抄。

綜合練習題參考答案要點

綜合練習題一參考答案要點

一、單項選擇題
1. A　2. A　3. C　4. A　5. B　6. A
7. C　8. B　9. C　10. C　11. A　12. D
13. B　14. C　15. C　16. C　17. C　18. B
19. C　20. D

二、多項選擇題
1. A C D　　　2. A B C D　　　3. A B D
4. A B C D E　5. A B C　　　　6. A C D E
7. A B E　　　8. B C E　　　　9. A B C
10. A B E

三、判斷分析題

1. 錯誤

任何原則都不能作絕對化理解，對統一指揮原則也是如此。在矩陣制組織形式中各職能部門的人員接受雙重領導，只要協調得當，也不會出現管理混亂的現象。

2. 錯誤

控制的力度要適當，並非力度越大越好。力度過大，反而會引起負面效應。

3. 錯誤

領導者對其下屬的影響力，既來自其領導地位和權力，又來自其人格魅力和領導藝術。並不是權力越大，影響力就越大。

4. 錯誤

按照馬斯洛的需要層次理論，每一個層次的需要都能激發動機，引發相應的行為。

5. 正確

在分權或授權后，領導者仍應對其下屬的工作成績承擔領導責任。

四、簡答題

1. 這種看法不正確。無論環境變化多麼快，企業仍然需要通過調查研究、預測和制訂計劃來指導企業的業務活動，否則就將陷入盲目行動的危險。當然，要加強對計劃執行情況的控制，發現環境變化，立即採取應變措施。

2. 按第十一章「重點難點解析」中第四個問題的要點來回答。

五、論述題

1. 按第二章「重點難點解析」中第五個問題的要點來回答。

2. 按第七章「重點難點解析」中第七個問題有關部分的要點來回答。

六、案例分析題

1. 菲利浦·莫里斯公司的總體戰略是多元化戰略，而且是複合（跨部門、跨行業）多元化戰略。其經營單位中，香菸生產銷售商仍保持原有競爭戰略（既低成本又差別化）；米勒啤酒商則大力強化新產品開發和市場營銷，奉行差別化、集中化的競爭戰略；軟飲料商也是奉行差別化競爭戰略。這裡舉出的職能性戰略僅有產品戰略和市場營銷戰略。

2. 這家公司之所以奉行多元化戰略，主要是因為從20世紀50年代起，菸草行業就面臨巨大的威脅：刊登廣告受限制，經常受到人們的控訴和法院的判罰。為了生存，公司必須跨行業經營而不能死守著單一的菸草業。應當說，這是正確的戰略決策。

3. 實行多元化戰略，產品品種和銷售市場急遽擴大，甚至跨部門行業經營，這就對管理提出了很高的要求。如管理跟不上，就會帶來極大的風險，管理混亂，效益下降，甚至使企業破產。中國企業在這方面的教訓已不少。

綜合練習題二參考答案要點

一、單項選擇題

1. C　　2. D　　3. C　　4. B　　5. D　　6. A
7. A　　8. D　　9. C　　10. C　　11. D　　12. A
13. B　　14. D　　15. B　　16. D　　17. B　　18. B
19. C　　20. D

二、多項選擇題

1. A B D E　　　2. A B C D　　　3. A C D E
4. A B C　　　　5. A B D E　　　6. A B C E
7. A B C E　　　8. A B C E　　　9. A B C D
10. C D E

三、判斷分析題

1. 錯誤

勞動分工固然能提高工作效率，但絕非分工越細效率越高。

2. 錯誤

人們要獲得滿意的決策，必須採用科學的決策程序和方法，佔有豐富、翔實的信息資料，傾聽各種不同的意見，所以並非「完全取決於決策者的主觀判斷」，也就不是「走一步，看一步，摸著石頭過河」了。

3. 正確

工作業績的提高，有許多主客觀因素影響，對下屬的激勵僅是其中一項。所以不能說做好了激勵工作，就一定會顯著提高業績。

4. 正確

對非正式組織的正確態度只能是適當引導，使其目標同正式組織的目標一致。

5. 錯誤

管理幅度一定，則企業規模越大，其管理層次應越多；若企業規模一定，則管理幅度越小，其管理層次應越多。

四、簡答題

1. 按第七章「重點難點解析」中第七個問題有關部分的要點來回答。

2. 當今世界，工商企業的誠信經營頗有問題，經常聽到一些違法亂紀的醜聞，有些企業因此而倒閉，但已給不少公眾帶來損失。因此，強調企業的社會責任和倫理道德具有重大的現實意義。

五、論述題

1. 按第五章「重點難點解析」中第十個問題有關部分的要點來回答。

2. 按第九章「重點難點解析」中第十個問題有關部分的要點來回答。

六、案例分析題

1. 蓋茨先生在其溝通主管人的協助下，確實想了許多辦法，花費了大量的時間、精力和費用，應當說公司的信息溝通狀況肯定有所改善。但蓋茨仍然感到失望，那恐怕是他的「小公司」精神在作祟，也就是說，他未能成功地在公司恢復「小公司」精神。

我認為，「小公司」精神確實很寶貴，但當公司規模變大之後再要保持或恢復它，則可能有點不切實際。規模不等的公司對信息溝通的具體要求應當有些差別。以大公司來說，每位員工都能及時獲得其工作所必需的信息，在一定範圍內的員工能互通信息，交流思想感情，那就算不錯了。

2. 我認為該公司真正的溝通問題可能是公司文化的滲透和落實。蓋茨先生應當塑造出公司文化，通過多種渠道，使之滲透到每一位員工心中，形成共同的理念、思維方式和行為準則，對員工的忠誠度肯定會提高，人際關係也易於協調，溝通渠道也就通暢了。

國家圖書館出版品預行編目(CIP)資料

管理學學習指導書/ 王德中 著. -- 第三版.
-- 臺北市：崧博出版：財經錢線文化發行, 2018.10
　面；　公分

ISBN 978-957-735-535-5(平裝)

1.管理科學

494　　107016306

書　　名：管理學學習指導書
作　　者：王德中 著
發行人：黃振庭
出版者：崧博出版事業有限公司
發行者：財經錢線文化事業有限公司
E-mail：sonbookservice@gmail.com
粉絲頁　　　　　網　址：
地　　址：台北市中正區延平南路六十一號五樓一室
8F.-815, No.61, Sec. 1, Chongqing S. Rd., Zhongzheng Dist., Taipei City 100, Taiwan (R.O.C.)
電　　話：(02)2370-3310　傳　真：(02) 2370-3210
總經銷：紅螞蟻圖書有限公司
地　　址：台北市內湖區舊宗路二段 121 巷 19 號
電　　話：02-2795-3656　傳真:02-2795-4100　網址：
印　　刷：京峯彩色印刷有限公司（京峰數位）

　　本書版權為西南財經大學出版社所有授權崧博出版事業有限公司獨家發行電子書及繁體書繁體版。若有其他相關權利及授權需求請與本公司聯繫。

定價：350元
發行日期：2018 年 10 月第三版

◎ 本書以POD印製發行